京都人氣麵包
「たま木亭」烘焙食譜集
無法忘懷的樸實滋味

柴田書店◎著

重現留存在記憶中的「樸實」麵包

前言

當時才八歲的女兒曾一臉認真地道：「爸爸製作的法國麵包和紅酒十分相配！」她會這麼說，是因為接收了「法國麵包適合搭配紅酒」這種廣受大家熟知的訊息，於是脫口而出。但實際上，餐桌若出現法國麵包和紅酒，多半代表是特殊的日子。我認為在日常餐桌上出現的麵包，外表不需多加雕琢，只要樸實美味即可。

會以這一席話作為本書的開端，其實是為了引導後續的內容。書中利用簡單的麵糰加以變化，製作出各式各樣不同種類的麵包。只要翻開本書，就能明白書中所介紹的麵包都是利用日常生活中常見的材料，及經過深思熟慮後才研究出的方法所製成的。正因為本書所介紹的麵包與我們的日常生活十分貼近，才能喚起顧客的共鳴，並留存在人們的記憶中，不是嗎？

若要製作一個麵包，從一開始材料的選擇到決定製作步驟等，透過基本的作業流程即可打造出我對這個麵包的想像空間。這個麵包該具備何種外皮呢？（是酥脆的、柔軟的、堅硬的、輕薄的、厚實的、色澤清淡的還是深濃的呢？）又該搭配何種麵包體？（保含水分嗎？是什麼顏色？有什麼風味？有什麼口感？是帶有自然的甘甜還是發酵的氣味呢？）接著思考麵包的蓬鬆程度、適合搭配何種食材，最後想像這個麵包會在口中蔓延出何種獨特的風味。想像的過程中，我也考慮到食用者的年齡層與性別等特質，這都是為了讓顧客更加喜愛我製作的麵包，所不可或缺的。

Contents

關於麵粉

本書使用下述的幾種麵粉，藉由混合各種不同的麵粉，可製作出獨特的滋味與口感。在這些麵粉中，讓麵糰慢慢發酵就會產生獨特香氣與風味的「LYS D'OR」與可以製作出酥脆外皮麵包的「TERROIR PURE」，主要用來製作口感偏硬的麵包。此外，因蛋白質確實分布連接，可製作出鬆軟口感的「BILLION」，不論是用來製作硬質吐司，或布里歐等，皆相當適合，適用於製作各式各樣的麵包。而帶有適度韻味，且味道與香氣都更加柔和，並以石臼研磨而成的「GRISTMILL」，則適合製作鄉村麵包等偏硬的麵包，或在替麵包增添鄉村風味時使用。至於將小麥澱粉糊化後製成粉末的「Alpha Flour P」，由於減弱了蛋白質的筋性，適用於製作外皮酥脆的麵包。另外，即便使用相同品牌的麵粉，但隨著時間經過，麵粉的狀態會產生微妙的變化，因此適當地調整與其他粉類的配合比例或吸水量、麥芽份量等，對於製作出心目中理想的風味而言，是一件相當重要的事情。

〈本書所使用的麵粉〉

- 百合花法國麵包用粉「LYS D'OR（リスドオル）」
  （日清製粉）／灰分0.45%、蛋白質10.7%
- 法國麵包用粉「TERROIR PURE（テロワール ピュール）」
  （日清製粉）／灰分0.53%、蛋白質9.5%
- 高筋麵粉「BILLION（ビリオン）」
  （日清製粉）／灰分0.41%、蛋白質12.8%
- 高筋麵粉「KING（キング）」
  （日清製粉）／灰分0.49%、蛋白質14.5%
- 石臼研磨高筋麵粉「GRISTMILL（グリストミル）」
  （日本製粉）／灰分0.95%、蛋白質13.5%
- 全麥麵粉「北國之香T110（キタノカオリT110）」
  （アグリシステム）／灰分1.24%、蛋白質13.5%
- 裸麥全粒麵粉「特麒麟（特キリン）」
  （日本製粉）／灰分1.6%±0.2、蛋白質9%
- 糊化麵粉「Alpha Flour P（アルファフラワーP）」
  （フレッシュ・フード・サービス）

關於魯邦種與一般酵母

本書所使用的發酵材料分別是無添加維他命C的半乾酵母、由純粹培養的酵母壓製而成的新鮮酵母，及自製的魯邦種（Levain）。比起速發乾酵母，半乾酵母能使麵糰質地順滑且風味更佳，因此常運用於製作偏硬的麵包和吐司。而布里歐這類風味濃郁的麵糰，則是使用糖分分解力強的新鮮酵母。另外，由於魯邦種帶有獨特的香氣與韻味，除了可以加入鄉村麵包增添風味之外，還可作為降低麵糰pH值、促進麵糰熟成、製作出麵包鬆軟口感的麵糰改良劑使用。

〈魯邦種培養方法〉容易製作的份量

1 將全麥麵粉「SUPER FINE HARD（スーパーファインハード）」（日清製粉）600g和水600g一同放入直立式攪拌器，以低速攪拌5分鐘。攪拌完成時的溫度為22°C，並於室溫（約28°C，以下皆同）放置24小時。

2 取①的材料300g，與百合花法國麵包用粉「LYS D'OR」（日清製粉）300g，和水75g一同放入直立式攪拌器，以低速攪拌5分鐘。攪拌完成時的溫度為22°C，並於室溫放置24小時。

3 取②的材料300g、百合花法國麵包用粉「LYS D'OR」300g、水150g一同放入直立式攪拌器，以低速攪拌5分鐘。攪拌完成時的溫度為22°C，並於室溫放置12小時。

4 取③的材料300g、百合花法國麵包用粉「LYS D'OR」300g、水140g一同放入直立式攪拌器，以低速攪拌5分鐘。攪拌完成時的溫度為22°C，並於室溫放置12小時。接著以此原料為基底，重複進行此步驟2次後，即可完成魯邦種。

〈本書所使用的酵母〉

- 半乾酵母（燕子牌／紅）
- 新鮮酵母（オリエンタル酵母工業／レギュラー）

鄉村麵包

— 基本麵糰 —

我所追求的是，確實散發出魯邦種獨特風味，且帶著恰到好處酸味，並容易食用的鄉村麵包。特色為加水率高達95%，濕潤卻不過於厚重的口感十分迷人。由於是纖細的麵糰，處理時須格外慎重小心。若過度攪拌材料，會導致變成橡膠狀，如同糰子麵糰般口感過硬；麵糰內含有太多空氣，也會造成過度氧化，無法感受到麵粉原本的美好風味。因此製作此種麵包的關鍵在於「不要過度攪拌」，且須確實觀察攪拌或發酵時麵糰的狀況。

鄉村麵包
〈基本麵糰〉

〈材料〉麵粉需求5kg

［魯邦中種麵糰］

材料	份量
百合花法國麵包用粉「LYS D'OR」	425g / 8.5%
石臼研磨高筋麵粉「GRISTMILL」	250g / 5%
裸麥全粒麵粉「特麒麟」	250g / 5%
魯邦種（P.7）	425g / 8.5%
水	425g / 8.5%

［主麵糰］

材料	份量
魯邦中種麵糰	上列全部份量
百合花法國麵包用粉「LYS D'OR」	2.2kg / 44%
石臼研磨高筋麵粉「GRISTMILL」	1.5kg / 30%
裸麥全粒麵粉「特麒麟」	375g / 7.5%
半乾酵母	7.5g / 0.15%
麥芽精	10g / 0.2%
鹽	115g / 2.3%
維他命C（1%水溶液）	10g / 0.2%
水A	2.95kg / 59%
水B	1.375kg / 27.5%

〈製程〉

▼ 準備魯邦中種麵糰
以直立式攪拌器・低速攪拌5分鐘 ▶ 攪拌完成時的溫度為18℃至20℃ ▶ 於0℃下放置18至24小時

▼ 主麵糰的攪拌
將水B以外的材料全部放入攪拌盆內 ▶ 以螺旋攪拌器・低速攪拌7至8分鐘 ▶ 以高速攪拌2至3分鐘 ▶ 一邊分次加水（水B）一邊以低速攪拌5至6分鐘 ▶ 以高速攪拌2至3分鐘 ▶ 攪拌完成時的溫度為22℃

▼ 一次發酵・翻麵
室溫・20分鐘 ▶ 翻麵 ▶ 室溫・20分鐘 ▶ 翻麵 ▶ 室溫・10分鐘 ▶ 0℃・1至2晚

▼ 分割・滾圓
650g

▼ 中間發酵
室溫・1小時＋室溫・30分鐘

▼ 成形
開口笑形（fendu）・發酵籐籃形（banneton）

▼ 最後發酵
30℃・濕度65％的發酵箱・2小時30分鐘

▼ 烘烤
蒸氣1次・以上火270℃・下火245℃烘烤15分鐘 ▶ 以上火226℃・下火215℃烘烤35分

〈作法〉

準備魯邦中種麵糰

1 將材料全部放入攪拌盆內，使用直立式攪拌器以低速攪拌5分鐘。攪拌完成時的溫度為18℃至20℃。再放入0℃的冰箱內，靜置18至24個小時。

主麵糰的攪拌

2 將水B之外的材料全部放入攪拌盆內，使用螺旋攪拌器以低速攪拌7至8分鐘。待麵糰呈塊狀後，以高速攪拌2至3分鐘。

3 將攪拌機轉至低速，一邊加入水B（分次加水）一邊攪拌5至6分鐘後，再度以高速攪拌2至3分鐘。攪拌至麵糰可以黏著在拌匙上即完成，在此須注意不要過度攪拌。攪拌完成時的溫度為22℃。最後將麵糰移至麵包箱內即可。

▼

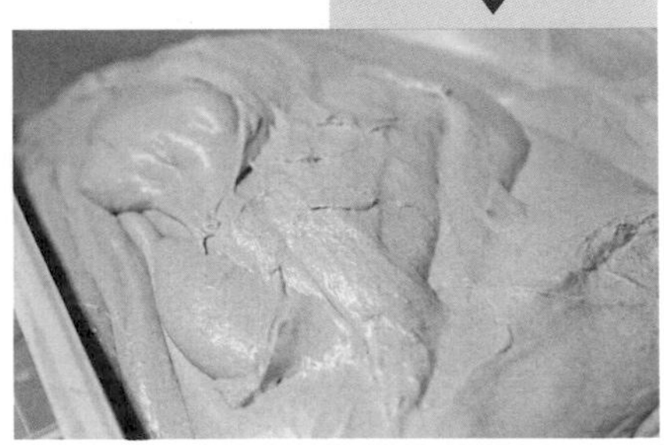

一次發酵・翻麵

4 將麵糰靜置室溫20分鐘後，來回反覆摺疊數次（翻麵）。重複此步驟2次後麵糰會呈現具彈性的狀態。

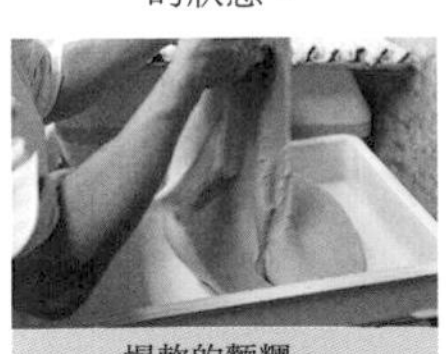

塌軟的麵糰。

▶

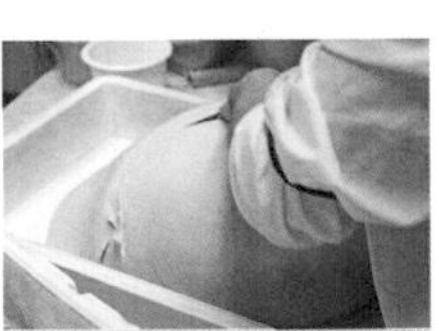

隨著翻麵的過程漸漸呈現出具彈力的觸感。

▼

冷藏發酵前的麵糰。

5 將④的麵糰放置於室溫下10分鐘後，再放入0℃的冰箱內冷藏靜置1至2晚。

分割・滾圓

6 將⑤的麵糰分切為數個650g的麵糰，並滾圓靜置。

中間發酵

7 將麵糰靜置於室溫下1小時。

靜置1小時後的麵糰。

8 為了讓⑦的麵糰更容易放入發酵籐籃中（內徑13cm×30cm），先將麵糰調整為橢圓形，並靜置於室溫下30分鐘。

成形

9 彷彿要擀開麵糰般，將擀麵棍確實在麵糰中央壓下，在不取下桿麵棍的狀態下，於麵糰離操作者較遠的半邊塗上適量沙拉油（份量外）。

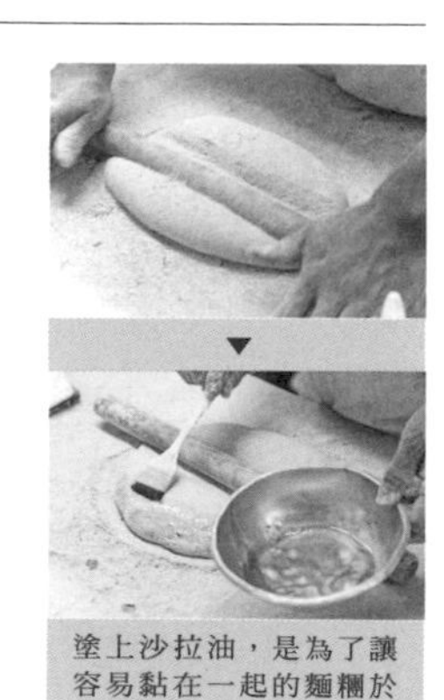

塗上沙拉油，是為了讓容易黏在一起的麵糰於烘烤前得以順利分開。

10 取下擀麵棍後，將麵糰由靠近操作者的一邊朝外對摺，開口朝下放置於灑有大量裸麥粉（份量外）的發酵籐籃內。

最後發酵前的麵糰。

最後發酵

11 於30℃・濕度65%的發酵箱內，放置2小時30分鐘。

最後發酵後的麵糰。

烘烤

12 將麵糰從發酵籐籃中取出，麵糰中央會呈現漂亮的凹痕。將凹痕朝上，放入烤盤中，再移入烤箱內。設定1次蒸氣功能，以上火270℃・下火245℃烘烤15分鐘後，再以上火226℃・下火215℃烘烤35分鐘即完成。

鄉村麵包〈變化款〉

A. 蜂蜜圓麵包（左圖中央）

將烘烤過的鄉村麵包浸入糖漿取出後，包上一層薄薄的麵糰，接著放入烤箱中再次烘烤，呈現柔軟卻又扎實的獨特口感。夾入與魯邦種風味相當搭配的蜂蜜及海綿蛋糕，更是添加了幾分令人懷念的甜美滋味。

B. 和風玉米麵包（左圖上×2）

將含有醬油粉的奶油與玉米粒包入麵包內，打造出讓人聯想到烤玉米的鹹香風味。在麵包內包入大量含有醬油粉的奶油，烘烤過程中，奶油會融化溢出，使麵包外皮呈現以奶油煎烤過般的酥脆口感。

C. 鄉村棍子麵包（左圖右）

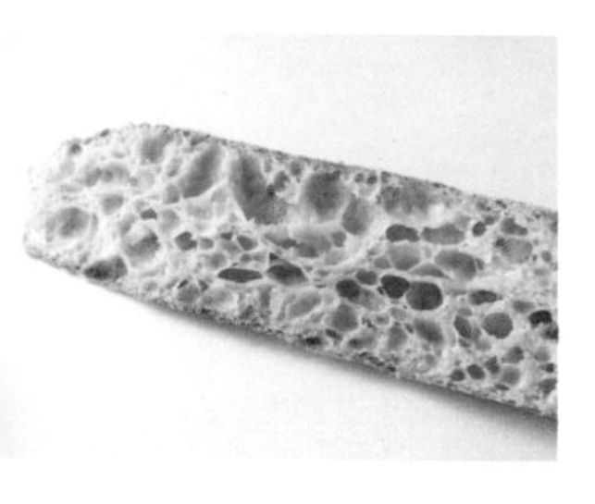

將麵糰揉成寬5cm×長50cm的細長狀放入烤箱中，烘烤出酥脆的麵包外層。而柔軟濕潤的麵包內裡，與蔬菜或火腿等食材搭配得宜，相當適合用來製作輕食。

D. 洛代夫麵包（左圖左下）

麵包內部呈現不規則的細長大孔洞，是最理想的狀態。為了烘烤出這樣的麵包，在翻麵、分割、成形時，切記不可以過度揉捏麵糰。

A.蜂蜜圓麵包

將烘烤過的麵包以麵糰包裹

〈材料〉5個份

鄉村麵包麵糰
（P.10起／一次發酵・翻麵後的麵糰）…… 400g
鄉村圓麵包*…… 5個
蘭姆糖漿（P.8）…… 450g
海綿蛋糕麵糊…… 100g
蜂蜜…… 60g

*將鄉村麵包麵糰（P.10至P.13）於「分割・滾圓」的步驟，分成每個50g的份量並滾圓後，置於30℃・濕度75％的發酵箱內1小時10分鐘，進行最後發酵。接著於麵糰表面劃十字切痕，並以上火260℃・下火230℃烘烤20分鐘完成。

〈製程〉

▼ 分割・滾圓（80g）
▼ 中間發酵（室溫・30分鐘）
▼ 成形
▼ 最後發酵（30℃・濕度75％的發酵箱・1小時20分鐘）
▼ 烘烤（於麵糰表面戳5個小孔 ▸ 蒸氣1次・上火255℃・下火230℃烘烤25分鐘）

Check 1 成形

將鄉村圓麵包從側邊切開，再將麵包攤開，以手壓入裝有蘭姆糖漿的調理盆內，使其吸收90g的糖漿。取出吸飽糖漿的麵包後，將海綿蛋糕麵糊20g與蜂蜜12g放置於麵包的切面上，並蓋上另一半切面。接著將以手掌壓平的鄉村麵包麵糰80g，完全包裹在麵包上，封口朝下，整齊排列於烤盤上。

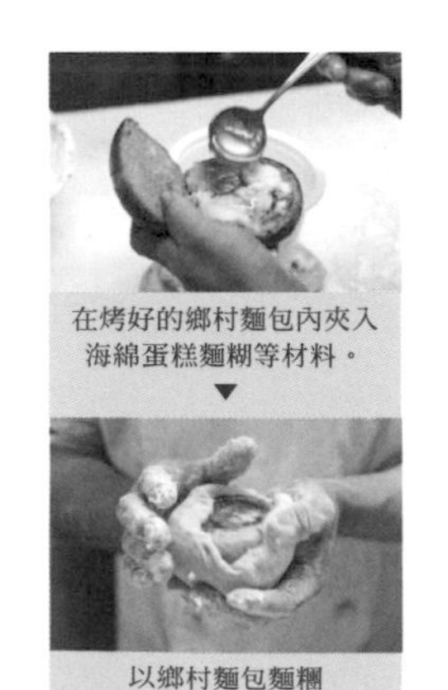

在烤好的鄉村麵包內夾入海綿蛋糕麵糊等材料。
▼
以鄉村麵包麵糰完全包裹。

B.和風玉米麵包

包入玉米粒×醬油奶油

〈材料〉95個份

鄉村麵包麵糰
（P.10起／剛攪拌完成的麵糰）…… 2kg
玉米…… 500g
醬油奶油*…… 350g

*將奶油450g（容易製作的份量，以下皆同）與醬油粉「粉末醬油-3A」（仙波糖化工業）12g以直立式攪拌器混合均勻後，攤平至2至3cm厚，並放入冰箱冷藏凝固。可預先切成2至3cm左右的塊狀備用。

〈製程〉

▼ 包入玉米粒・1次一次發酵・翻麵（在剛攪拌完成的麵糰裡，分2次加入玉米粒，每次加入都須摺三摺 ▸ 室溫・20分鐘 ▸ 翻麵 ▸ 室溫・20分鐘 ▸ 翻麵 ▸ 室溫・10分鐘 ▸ 0℃・1至2晚）
▼ 包入醬油奶油・翻麵
▼ 二次發酵・翻麵（室溫・30分鐘 ▸ 翻麵 ▸ 調整為長方形 ▸ 室溫・30分鐘）
▼ 分割・成形（30g）
▼ 最後發酵（30℃・濕度75％的發酵箱・1小時）
▼ 烘烤（將麵糰置於以250℃預熱20分鐘的烤盤上，並在麵糰的對角線劃上一道割痕，再放入上火270℃・下火250℃的烤箱 ▸ 蒸氣1次・以上火250℃・下火225℃烘烤18分鐘）

Check 1 包入醬油奶油・翻麵

將一半的醬油奶油放在鄉村麵包麵糰中央，三摺後從上方輕壓（翻麵）。重複2次。

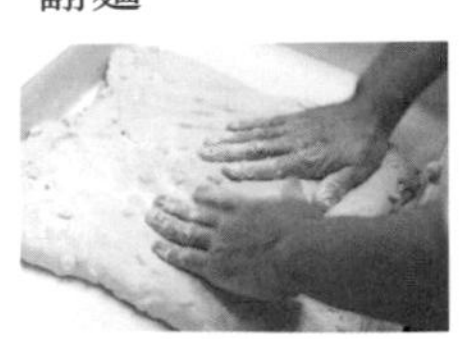

Check 2 分割・成形

以刮板將麵糰分切成各30g的正方形即成形。

C.鄉村棍子麵包

細長狀可帶出麵包外皮的脆度

〈材料〉6個份

鄉村麵包麵糰
（P.10起／一次發酵・翻麵後的麵糰）…………1.8kg

〈製程〉

▼ **復溫**（將冷藏1至2晚，已完成一次發酵・翻麵的麵糰置於室溫下，直到麵糰的中心溫度恢復到15℃為止）
▼ **分割・滾圓**（300g）
▼ **中間發酵**（室溫・40分鐘）
▼ **成形**
▼ **最後發酵**（30℃・濕度75%的發酵箱・45分鐘）
▼ **烘烤**（6道割痕 ▶ 蒸氣1次・以上火250℃・下火230℃烘烤25分鐘）

Check 1 成形

由上方輕壓鄉村麵包麵糰，以釋放麵糰內的氣體，再將麵糰（長邊）的上方與下方各自往內摺入1/4，摺入的每個點以指頭壓緊，接著對摺並將開口翻轉至下方，滾成寬5cm×長50cm的棒狀。滾動麵糰時，請一邊以手指根部與指尖有節奏地滾動麵糰，一邊將麵糰從中央往兩側延伸。

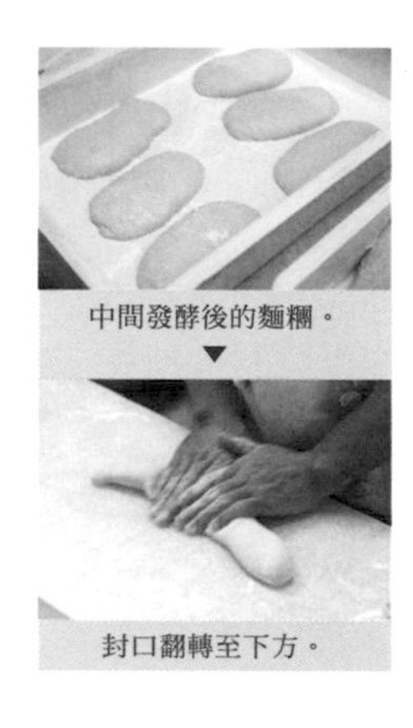

中間發酵後的麵糰。
▼
封口翻轉至下方。

D.洛代夫麵包

僅需切開放置就可製造出細長的氣孔

〈材料〉6個份

鄉村麵包麵糰
（P.10起／一次發酵・翻麵後的麵糰）…………2.4kg

〈製程〉

▼ **復溫・翻麵・二次發酵**（將冷藏1至2晚，已完成一次發酵・翻麵的麵糰置於室溫下，直到麵糰的中心溫度恢復到15℃為止 ▶ 翻麵 ▶ 室溫・30至40分鐘）
▼ **分割・成形**（400g）
▼ **最後發酵**（30℃・濕度75%的發酵箱・1小時10分鐘）
▼ **烘烤**（十字紋割痕 ▶ 放入上火270℃・下火250℃的烤箱 ▶ 蒸氣1次・以上火240℃・下火220℃烘烤32至33分鐘）

Check 1 分割・成形

以刮板將鄉村麵包麵糰分切成各400g的正方形即成形。

雙層奶油酥

— 基本麵糰 —

乍看之下是普通的法式奶油酥，翻轉後才發現底部有著烘烤得香脆可口的鄉村麵包。奶油與砂糖交互作用，在麵包表層形成光澤透明的焦糖，帶來輕薄酥脆的口感。底部的鄉村麵包雖然只有薄薄一層，但扎實有嚼勁。倘若烘烤的時間不夠，即無法呈現此種強烈的口感，因此需要以低溫慢慢地烘烤，使水分確實蒸發。粗略地混合奶油酥麵糰也是一大重點。這是一款可以大口咬下，相當「有男子氣概」的法式奶油酥。

雙層奶油酥
〈基本麵糰〉

〈材料〉麵粉需求1kg

A	百合花法國麵包用粉「LYS D'OR」	1kg / 100%
A	新鮮酵母	50g / 5%
A	鹽	20g / 2%
A	水	490g / 49%
	奶油*1（摺入用）	500g / 對麵糰約32%
	細砂糖（摺入用）	300g / 對麵糰約19%
	鄉村麵包麵糰*2（貼附用）	300g

*1 將冷藏狀態的奶油以擀麵棍敲打，調整形狀為23cm×30cm、厚5mm的長方形後再度冷藏備用。

*2 P.10至P.13完成一次發酵・翻麵後的鄉村麵包麵糰。

〈製程〉

▼ 攪拌

直立式攪拌器・低速攪拌3分鐘 ▶ 攪拌完成時的溫度為22℃至24℃

▼ 發酵

室溫・20分鐘 ▶ 0℃・1晚

▼ 包入・貼附

包入奶油 ▶ 三摺2次 ▶ 冷凍・30至40分鐘 ▶ 鋪上細砂糖後三摺1次 ▶ 冷凍・10分鐘 ▶ 貼附鄉村麵包麵糰 ▶ 冷凍・20分鐘 ▶ 調整厚度為3.5mm

▼ 成形

邊長11cm的正方形 ▶ 包入細砂糖 ▶ 直徑8.5cm×深1cm的模型

▼ 最後發酵

30℃・濕度75%的發酵箱・1小時30分鐘

▼ 烘烤

於中央戳一小孔 ▶ 放入160℃的對流恆溫烤箱・烘烤35至40分鐘

〈作法〉

攪拌

1 將A料全部放入攪拌盆內，以直立式攪拌器低速攪拌3分鐘。為了追求酥脆的麵包口感，此處須注意不要過度攪拌。攪拌完成時的溫度為22℃至24℃。

大致揉成一團也OK。

一次發酵

2 將攪拌後的麵糰置於室溫下20分鐘後，放入0℃的冰箱冷藏靜置1晚。接著，為了使麵糰更容易放入壓麵機內，請以擀麵棍將其延展為適當大小。

包入

3 將麵糰小心地放入壓麵機壓平後，包入奶油，再次放入壓麵機後摺成三摺2次後，放入冷凍庫冷藏30至40分鐘。接著，鋪上細砂糖後，再摺成三摺1次，並放入冷凍庫冷藏10分鐘。

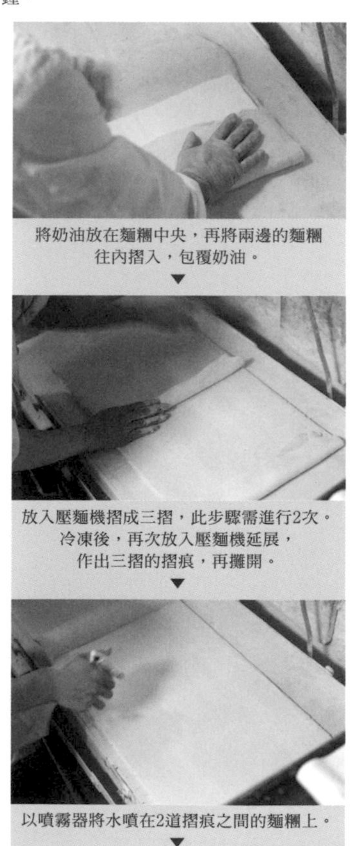

將奶油放在麵糰中央，再將兩邊的麵糰往內摺入，包覆奶油。
▼

放入壓麵機摺成三摺，此步驟需進行2次。冷凍後，再次放入壓麵機延展，作出三摺的摺痕，再攤開。
▼

以噴霧器將水噴在2道摺痕之間的麵糰上。
▼

平均鋪上一半的細砂糖。

摺入麵糰的1/3。

再次以噴霧器將水噴上，並鋪上剩下的細砂糖。

摺入剩下1/3的麵糰。

貼附

4　將經過一次發酵・翻麵的鄉村麵包麵糰，貼附於從冷凍庫取出的奶油酥麵糰上方，再次放入冷凍庫靜置20分鐘。接著以壓麵機將麵糰壓平延展為3.5mm厚。

將鄉村麵包麵糰放在奶油酥麵糰上方，於四個角落貼緊。

以手由中間往外推平為均一厚度，慢慢地壓緊。

貼附完成

成形

5　將延展後的麵糰切成數個邊長11公分的正方形，並將水噴在奶油酥麵糰那一側，再將細砂糖（適量，份量外）均勻撒上。彷彿要將砂糖包入般，將麵糰由四個角落往中間摺入，封口向下排列於塗有奶油（適量，份量外）的直徑8.5cm×深1cm的模型裡。

將撒有砂糖的那面作為內側，從四個角落往中央集中包起。

最後發酵

6　將麵糰排列於模型中，並放入30℃・濕度75％的發酵箱內1小時30分鐘。

烘烤

7　於麵糰的中央戳一小孔，以160℃的對流恆溫烤箱烘烤35至40分鐘即完成。

最後發酵後的麵糰。於中央戳一小孔。

將出爐後的麵包翻至背面，呈現濃郁的焦糖色。

麵包烘烤時的正面（出售時此面為背面），呈現漂亮的深咖啡色。

雙層奶油酥〈變化款〉

A. 方形麵包（左圖右上）

浸泡過蘭姆糖漿的鄉村麵包內，不僅夾有蜜黑豆與杏仁奶油內餡，外層還包裹著奶油酥。先將鄉村麵包烘烤至表層呈現輕微的烘烤色澤，捲上奶油酥麵糰再次烘烤，就能製作出整體柔軟且富有彈性的方形麵包。

B. 小米果麵包（左圖左上）

小米果的鹹香風味與奶油酥甜美的奶油風味，一同交織出和諧的美味。與其說這是一款麵包，倒不如說是仙貝更為合適。也相當適合作為喝茶時搭配的點心。

C. 脆皮核桃麵包（左圖下）

將奶油酥麵糰切成8mm的丁狀後填入模型內，再慢慢烘烤至表面呈現深咖啡色。不僅外型迷人，更能品嘗到麵粉原有的美好風味。

A. 方形麵包

以奶油酥包裹住鄉村麵包

〈材料〉6個份

鄉村麵包* ………… 3條
蘭姆糖漿（P.8） ………… 適量
蜜黑豆 ………… 60粒
杏仁奶油（P.8） ………… 90g
雙層奶油酥麵糰（P.18起／將鄉村麵包麵糰貼附於奶油酥麵糰上，並擀為3.5㎜厚，切成邊長11cm正方形的麵糰） ………… 6片

*將鄉村麵包麵糰（P.10至P.13）於「分割・滾圓」的步驟，分成每個60g的份量並滾圓後，置於室溫30分鐘。接著將麵糰調整為長約25cm的棒狀後，放入30℃，濕度75%的發酵箱內1小時，進行最後發酵。最後以上火260℃，下火220℃烘烤12分鐘，待表面呈現些微的烘烤色澤即完成。

〈製程〉

▼ 成形 （4道割痕）
▼ 最後發酵
（30℃・濕度75%的發酵箱・1小時10分鐘）
▼ 烘烤 （以160℃的對流恆溫烤箱烘烤30分鐘）

Check 1 成形

將烤好的鄉村麵包對切後，從側邊切開，再攤開切口浸入蘭姆糖漿內，使其充分吸收糖漿。

表面呈些微烘烤色澤的鄉村麵包。

對切。
▼

接著夾入蜜黑豆與杏仁奶油，以雙層奶油酥麵糰捲起後，於表面劃出4道割痕。

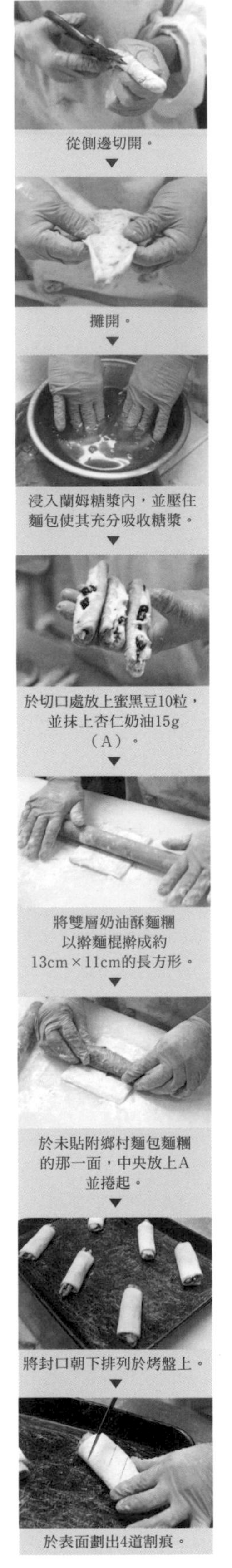

從側邊切開。
▼
攤開。
▼
浸入蘭姆糖漿內，並壓住麵包使其充分吸收糖漿。
▼
於切口處放上蜜黑豆10粒，並抹上杏仁奶油15g（A）。
▼
將雙層奶油酥麵糰以擀麵棍擀成約13cm×11cm的長方形。
▼
於未貼附鄉村麵包麵糰的那一面，中央放上A並捲起。
▼
將封口朝下排列於烤盤上。
▼
於表面劃出4道割痕。

B.小米果麵包

捲起擀開就完成的類仙貝麵包

〈材料〉33個份

奶油酥麵糰（P.18起／將已包入奶油，但尚未貼附鄉村麵包麵糰的奶油酥麵糰，擀為3.5mm厚備用）……1.5kg
小米果（P.8）……適量

〈製程〉

▼ 成形
▼ 最後發酵（30℃・濕度70%的發酵箱・1小時15分鐘）
▼ 烘烤（以160℃的對流恆溫烤箱烘烤32分鐘）

Check 1 成形

將奶油酥麵糰滾成棒狀，間隔約2cm切開。將切下的麵糰平放，再以擀麵棍擀開後，使用噴霧器噴水，並撒上小米果，將有米果的那面朝下放置，進行最後發酵及烘烤。

彷彿要作成軸心般從操作者側開始滾起。
▼

間隔約2cm切開，每塊麵糰重量約45g。
▼

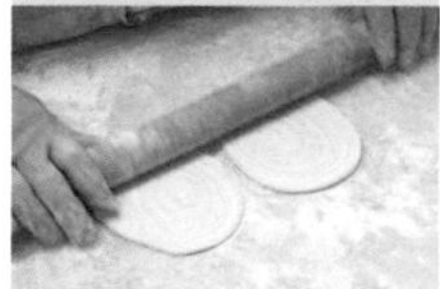

將切下的麵平放，擀成長約13cm的橢圓形。

C.脆皮核桃麵包

充分烘烤後，口感充滿嚼勁的麵包

〈材料〉40個份

奶油酥麵糰（P.18起／將已包入奶油，但尚未貼附鄉村麵糰的奶酥麵糰，擀為3.5mm厚備用）……約2.4kg
烘烤核桃……420g
細砂糖……適量
粗砂糖……適量

〈製程〉

▼ 成形
▼ 最後發酵（30℃・濕度70%的發酵箱・1小時30分鐘）
▼ 裝飾・烘烤（撒上適量的粗砂糖▶以160℃的對流恆溫烤箱烘烤32分鐘）

Check 1 成形

將奶油酥麵糰切成8mm丁狀，並與烘烤過的核桃均勻混合，接著放入直徑8.5cm×深1cm且塗有奶油（適量，份量外）的模型內，最後撒上細砂糖。

使用刮板，從底部將麵糰丁與核桃翻起，將其充分混合。
▼

將混合的材料輕壓，填入模型內，每個重量約70g。
▼

沿著麵糰邊緣撒上大約6撮的細砂糖。

布里歐

— 基本麵糰 —

在たま木亭，我們將布里歐視為「點心般的食物」。大量的砂糖搭配刻意減少的蛋白份量，目的就是要作出味道濃厚、口感濕潤，且即使長時間放置也不會變得乾巴巴的麵糰。主麵糰除了使用中種法之外，還使用可以確實出筋的高筋麵粉「BILLION」。藉由延長攪拌的時間，麵包的口感也會變得柔軟可口。跟一般質地輕盈卻容易乾燥的布里歐相較，我們延緩了麵包的老化速度。最後，在麵糰裡包入奶油糖霜並於表面塗上大量的打發鮮奶油，即可烘焙出扎實而濃郁的「點心」。

布里歐
〈基本麵糰〉

〈材料〉麵粉需求3kg

[中種麵糰]

高筋麵粉「KING」	1.5kg / 50%
新鮮酵母	60g / 2%
水	750g / 25%

[主麵糰]

中種麵糰	上列全部份量
高筋麵粉「BILLION」	1.5kg / 50%
新鮮酵母	60g / 2%
牛奶	660g / 22%
全蛋	750g / 25%
蛋黃	300g / 10%
鹽	30g / 1%
上白糖	600g / 20%
奶油*1	900g / 30%

肉桂糖粉*2	適量
奶油糖霜*3	適量
打發鮮奶油*4	適量

*1 恢復成室溫。
*2 將細砂糖與肉桂粉依3：1的比例混合均勻。
*3 將奶油675g（容易製作的份量，以下皆同）與細砂糖450g混和攪拌均勻，並冷卻備用。
*4 鮮奶油（タカナシ乳業「スーパーフレッシュ45」／乳脂肪成分45%）與咖啡用鮮奶油「カフェフレッシュ」（タカナシ乳業）依1：1的比例混合，打至8分發。

〈製程〉

▼ 準備中種麵糰
以直立式攪拌器・低速攪拌4分鐘 ▶ 攪拌完成時的溫度為24℃ ▶ 5℃・1晚

▼ 主麵糰的攪拌
將奶油以外的材料全部放入攪拌盆內 ▶ 以螺旋攪拌器・低速攪拌2分鐘 ▶ 中速攪拌15分鐘 ▶ 高速攪拌5分鐘 ▶ 放入奶油 ▶ 低速攪拌2分鐘 ▶ 高速攪拌3分鐘 ▶ 攪拌完成時的溫度為24℃

▼ 分割・滾圓
150g

▼ 冷藏
5℃・1晚

▼ 成形
直徑15cm的圓形

▼ 最後發酵
32℃・濕度70%的發酵箱・50分鐘

▼ 裝飾・烘烤
撒上肉桂糖粉，並塞入奶油糖霜 ▶ 以上火230℃・下火220℃烘烤9分鐘 ▶ 塗上打發鮮奶油 ▶ 以上火230℃・下火220℃烘烤4分鐘

〈作法〉

準備中種麵糰

1　將所有材料放入攪拌盆內，使用直立式攪拌器以低速攪拌4分鐘，攪拌完成時的溫度為24℃。接著置於5℃的冰箱內冷藏1晚。

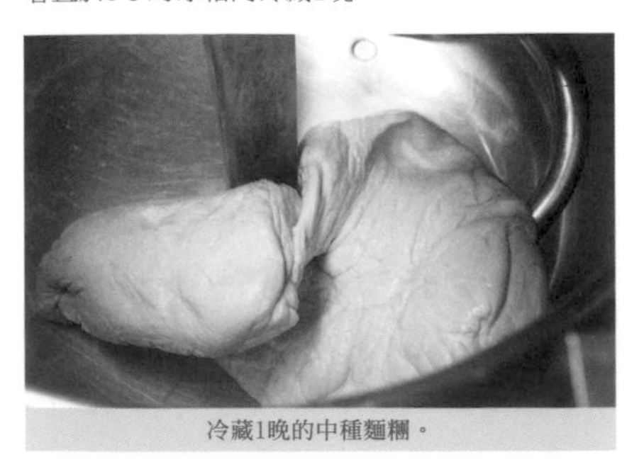

冷藏1晚的中種麵糰。

主麵糰的攪拌

2　將奶油以外的材料全部放入攪拌盆內，使用螺旋攪拌器以低速攪拌2分鐘，使其融合。接著以中速攪拌15分鐘，再以高速攪拌5分鐘後，放入奶油。轉回低速攪拌2分鐘，然後以高速攪拌3分鐘。由於攪拌到後來麵糰會黏在攪拌盆上，因此須以刮板適度地一邊將黏在攪拌盆的部分刮下，一邊繼續攪拌。攪拌完成時的溫度為24℃。

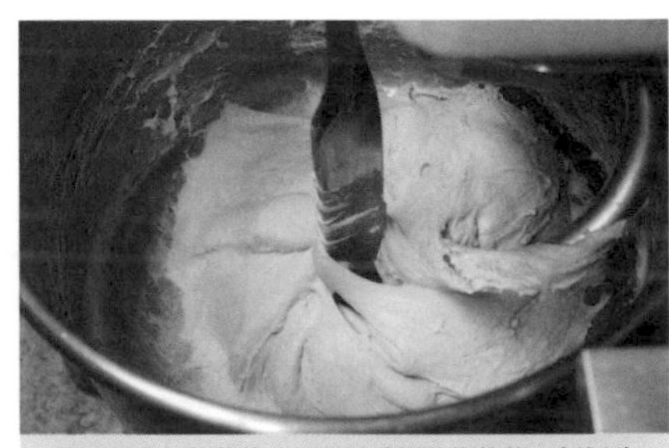

放入奶油前的狀態。經過長時間的攪拌後，麵糰確實出筋的模樣。

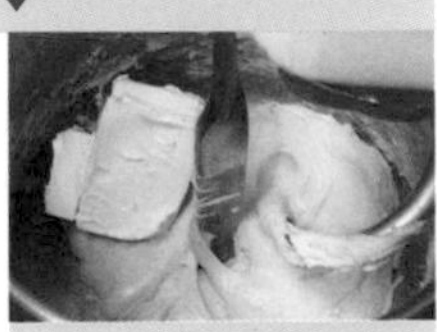

放入奶油。

攪拌完成。拉起富有彈力的麵糰時，會呈現很好的延展性。

分割・滾圓・冷藏

3　將麵糰分切為每份150g後滾圓，並將其放入5℃的冰箱內冷藏靜置1晚。

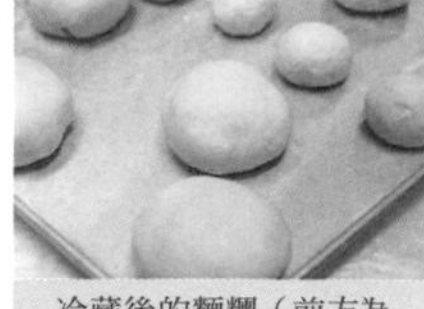

冷藏後的麵糰（前方為150g的麵糰）。

成形

4　使用手掌將麵糰壓平，再以擀麵棍擀為直徑15cm的圓形。

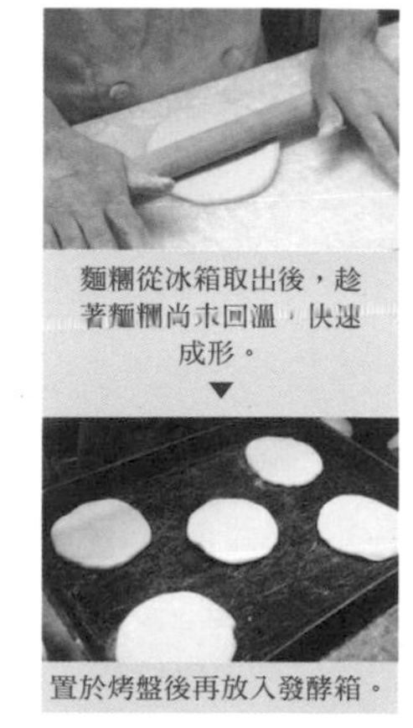

麵糰從冰箱取出後，趁著麵糰尚未回溫，快速成形。

▼

置於烤盤後再放入發酵箱。

最後發酵

5　於32℃・濕度70%的發酵箱內放置50分鐘。

完成最後發酵的麵糰。

裝飾・烘烤

6　將完成最後發酵的麵糰表面以噴霧器噴濕，並撒上大量的肉桂糖粉。將奶油糖霜分成小塊，分別塞入10個不同的位置，接著馬上放入上火230℃・下火220℃的烤箱烘烤9分鐘。出爐後迅速於麵包表層塗上打發鮮奶油，再次放入烤箱以上火230℃・下火220℃烘烤4分鐘完成。

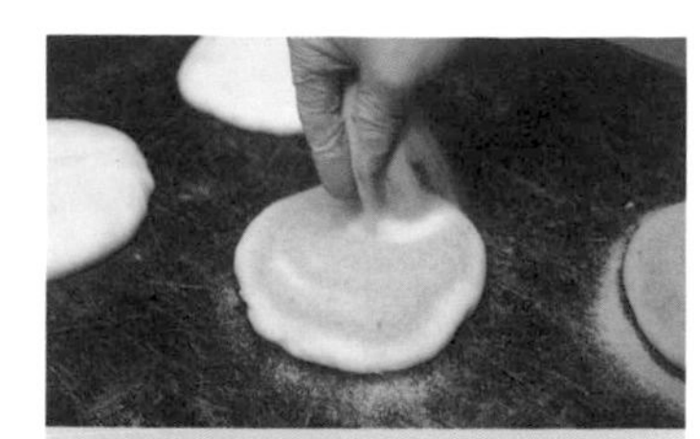

在麵糰表面灑滿大量的肉桂糖粉（直至蓋過麵糰的顏色為止）

▼

將奶油糖霜分成小塊，塞入麵糰中。

▼

烘烤9分鐘後，將麵包取出烤箱

▼

迅速以抹刀在麵包表層塗上大量的打發鮮奶油。

▼

再次放入烤箱確實烘烤4分鐘，直至表面呈現恰到好處的焦糖色。

布里歐〈變化款〉

A. 鄉村柳橙布里歐（左圖左後）

將巧克力和漬橙皮填入布里歐麵糰中，再裹上薄薄一層鄉村麵包麵糰烘烤。輕薄酥脆的外皮裡，包裹著濕潤蓬鬆的布里歐。

B. 黑糖馬卡龍焦糖餡布里歐（左圖前）

中間夾著焦糖醬的布里歐。搭配清脆可口的黑糖馬卡龍外皮，打造出帶有「甜點」氛圍的麵包。

C. 長崎布里歐（左圖右後）

將長崎蛋糕包在布里歐麵糰裡烘烤，搖身變成另一款有奢侈感的「甜點」。長崎蛋糕內含有大量水飴，布里歐麵包體的濕潤度也因而提升。長崎蛋糕與洋酒的調性相合，所以這款麵包還放入了蘭姆酒漬的無花果乾及葡萄乾。

A. 鄉村柳橙布里歐

以兩種麵糰打造層次感，並凸顯內裡的蓬鬆輕盈感

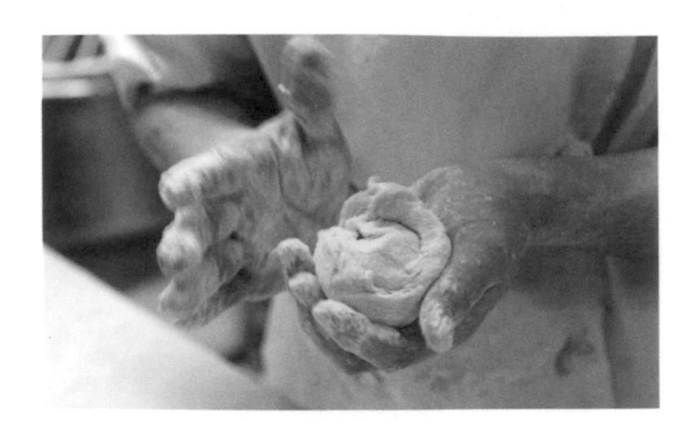

〈材料〉1個份

布里歐麵糰（P.26起／分切為40g並滾圓，於5℃的冰箱冷藏靜置1晚的麵糰）…… 40g
黑巧克力（P.8）…… 15g
漬橙皮（P.8）…… 15g
鄉村麵包麵糰（P.10起／分切為50g並滾圓，於室溫靜置15分鐘的麵糰）…… 50g

〈製程〉

▼ 成形

▼ 最後發酵
（32℃・濕度70%的發酵箱・1小時30分鐘）

▼ 烘烤（以上火240℃・下火240℃烘烤18分鐘）

Check 1 成形

將布里歐麵糰從冰箱取出後，馬上擀成直徑10cm的圓形，並包入黑巧克力與柳橙皮。接著以薄薄的鄉村麵包麵糰將其完全包裹。

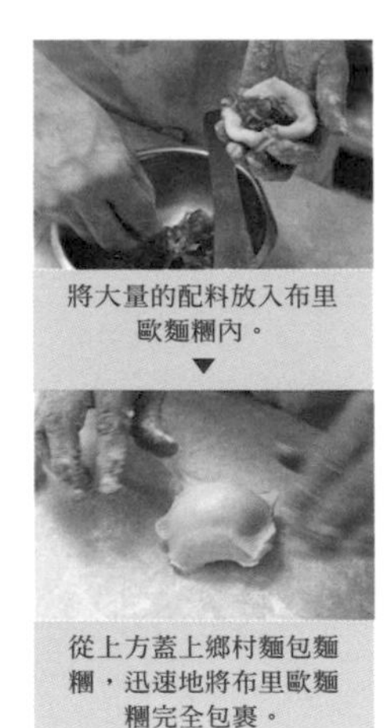

將大量的配料放入布里歐麵糰內。
▼
從上方蓋上鄉村麵包麵糰，迅速地將布里歐麵糰完全包裹。

B. 黑糖馬卡龍焦糖餡布里歐

以焦糖打造蛋糕般入口即化的口感

〈材料〉1個份

布里歐麵糰（P.26起／分切為60g並滾圓，於5℃的冰箱冷藏靜置1晚的麵糰）…… 60g
黑糖馬卡龍麵糊*…… 適量
糖粉…… 適量
焦糖醬（P.8）…… 3大匙

*將杏仁粉1.15kg（容易製作的份量，以下皆同）、細砂糖400g、黑糖粉500g、低筋麵粉135g一同放入調理盆內，並以抹刀攪拌混合。加入蛋白400g充分攪拌後，再加入蛋白200g混合均勻。攪拌至將麵糊以抹刀舀起後，呈現花3秒至4秒慢慢掉落的狀態即可。

〈製程〉

▼ 翻麵・成形

▼ 最後發酵
（32℃・濕度70%的發酵箱・1小時30分鐘）

▼ 烘烤・裝飾
（放入158℃的對流恆溫烤箱烘烤14分鐘）

Check 1 翻麵・成形

從冰箱中取出布里歐麵糰後，立刻以手掌輕壓，迅速地滾成圓形，再放入直徑8.5cm×深1cm的模型內。

Check 1 烘烤・裝飾

將黑糖馬卡龍麵糊填入前端剪開的擠花袋中，擠在完成最後發酵的布里歐麵糰上，並撒上糖粉。烘烤出爐後放涼，稍微降溫後，從側邊切開，將焦糖醬填入麵包裡。

C.長崎布里歐

麵包裹入長崎蛋糕，呈現出濕潤濃郁的口感

〈材料〉1個份

布里歐麵糰（P.26起／分切為70g並滾圓，於5℃的冰箱冷藏靜置1晚的麵糰）…… 70g
長崎蛋糕 …… 45g
蘭姆酒漬無花果乾（P.8）…… 20g
蘭姆酒漬葡萄乾（P.8）…… 20g

〈製程〉

▼ 成形
▼ 最後發酵（32℃・濕度70%的發酵箱・1小時）
▼ 烘烤（以上火225℃・下火220℃烘烤15分鐘）

Check 1 成形

將布里歐麵糰從冰箱取出後，立即擀為圓形，並放上長崎蛋糕。

冷藏後的麵糰。從冰箱取出後馬上塑型。▼
以擀麵棍擀成直徑11cm的圓形。▼
將長崎蛋糕以手稍微捏緊後放置在麵糰上。▼

接著放上蘭姆酒漬無花果乾與蘭姆酒漬葡萄乾，迅速包裹成形。

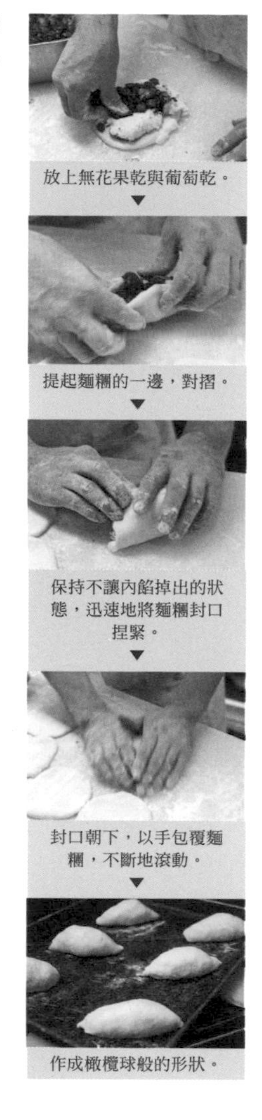

放上無花果乾與葡萄乾。▼
提起麵糰的一邊，對摺。▼
保持不讓內餡掉出的狀態，迅速地將麵糰封口捏緊。▼
封口朝下，以手包覆麵糰，不斷地滾動。▼
作成橄欖球般的形狀。

布里歐・進階版

— 基本麵糰 —

若在使用大量奶油和砂糖、風味濃郁的布里歐麵糰上多花費一點功夫，即能打造出燒菓子般口感的全新麵糰。製作出此種酥脆口感的關鍵在於再次攪拌包好奶油的麵糰。只需將適度切斷麵筋薄膜的麵糰放入模型後烘烤，就可以作出柔軟且入口即化，仔細咀嚼後還會瀰漫出奶油香氣，如同法式蛋糕般的布里歐。因為是「複合式美味」的麵糰，若搭配水果或奶油，一同作成半生菓子般的麵包也很棒呢！

布里歐・進階版
〈基本麵糰〉

〈材料〉

布里歐麵糰*[1] ………………………… 2kg
奶油*[2]（包入麵糰用） ………… 400g / 比對麵糰20%
細砂糖（包入麵糰用） ……… 250g / 比對麵糰12.5%

＊1　P.26起介紹的布里歐麵糰。使用主麵糰攪拌結束後，分切成2kg的麵糰。
＊2　將冷藏狀態的奶油以擀麵棍敲打延展，調整為23cm × 30cm、厚5mm的長方形後冷藏備用。

〈製程〉

▼ 發酵
室溫・1小時10分鐘 ▸ 5℃・1晚

▼ 包入
包入奶油 ▸ 摺四摺
▸ 一邊鋪上細砂糖一邊再摺四摺
▸ 擀至3mm厚

▼ 攪拌
螺旋攪拌器・低速攪拌1分鐘

▼ 分割
50g

▼ 成形
直徑8.5 × 深1cm的模型

▼ 烘烤
以155℃的對流恆溫烤箱烘烤40分鐘

〈作法〉

發酵

1　將布里歐麵糰置於烤盤上，以手均勻輕壓至約1cm左右厚。放置於室溫下1小時10分鐘後，再放入5℃的冰箱冷藏靜置1晚。

經過1晚發酵的麵糰。

摺入

2　在麵糰上灑上低筋麵粉後（份量外），放入壓麵機中，使麵糰延展至長約50cm，接著將奶油放至麵糰的中央包裹於其中。再次放入壓麵機中，將麵糰壓平延展為4至5mm厚，摺成四摺後，再度放入壓麵機中。最後將細砂糖分2次鋪平於麵糰上，再摺四摺，並放入壓麵機中，將麵糰壓平延展為3mm厚。

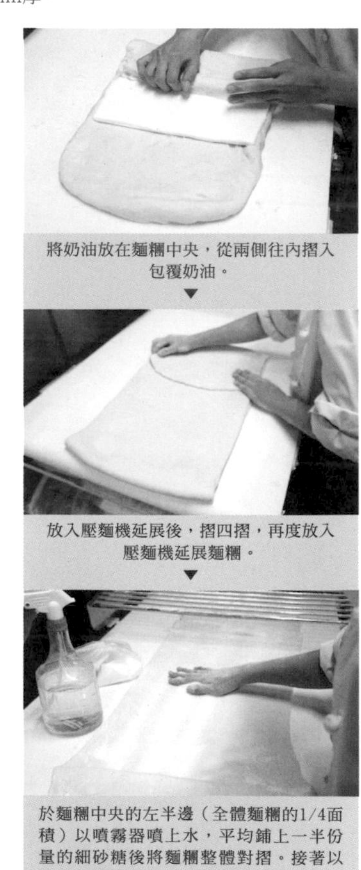

將奶油放在麵糰中央，從兩側往內摺入包覆奶油。
▼
放入壓麵機延展後，摺四摺，再度放入壓麵機延展麵糰。
▼
於麵糰中央的左半邊（全體麵糰的1/4面積）以噴霧器噴上水，平均鋪上一半份量的細砂糖後將麵糰整體對摺。接著以噴霧器將水噴在已對摺的麵糰上，平均鋪上剩下的砂糖後再次對摺。（即為四摺）
▼

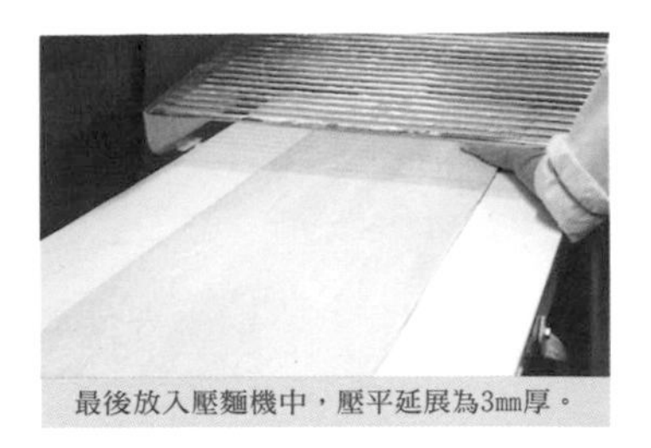

最後放入壓麵機中，壓平延展為3mm厚。

攪拌

3　立即將延展後的麵糰放入攪拌盆內，並使用螺旋攪拌器低速攪拌1分鐘，以切斷麵糰的薄膜。

完成攪拌。切斷麵糰的薄膜，使其呈現黏糊的狀態。

分割・成形

4　將攪拌完成的麵糰分切為50g，放入塗有奶油（適量，份量外）直徑8.5cm×深1cm的模型內，並放置於室溫下約10分鐘使麵糰融合。

以抹壓的方式，填滿模型的空隙。

烘烤

5　以155℃的對流恆溫烤箱烘烤40分鐘即完成。

確實烤透後，會呈現酥脆的口感與迷人香氣。

A. 蜜黑豆捲（上圖最左）

切開棒狀的鄉村風吐司，浸入蘭姆糖漿內，並夾入布里歐・進階版麵糰和蜜黑豆，再將奶油酥麵糰一圈一圈地捲在外層烘烤而成。如同長崎蛋糕般滑順的布里歐、口感濕潤的鄉村風吐司及酥脆可口的焦糖奶油酥，融合了三種特色，是希望食用者能盡情享受不同口感的麵包。

B. 煉乳奶油糖霜夾心麵包（上圖中央左）

將布里歐・進階版麵糰薄薄地擀開，烘烤成酥脆輕盈，彷彿法式酥餅的口感。不僅表層放上紅酒燉煮的西洋梨與烘烤過的核桃，中間還夾著煉乳風味的奶油糖霜，是款充滿法式風情的燒菓子。

布里歐・進階版〈變化款〉

C. 脆皮布里歐（上圖中央右）

將奶油酥麵糰切成細長狀，並加入核桃，製作成香酥可口的脆皮，再疊上如同蛋糕般蓬鬆、滑順的布里歐・進階版麵糰。透過兩種麵糰的結合，可打造出充滿風味、口感層次分明的麵包。

D. 貝拉維卡馬卡龍（上圖最右）

改良自內餡塞滿紅酒漬果乾與堅果，發源於法國阿爾薩斯的聖誕節點心「貝拉維卡（Berawecka）」。以布里歐・進階版麵糰取代酵母麵糰，作出更加濃郁的滋味。於表層覆蓋上蛋白糖霜後烘烤，更能長時間保持濕潤的口感。

布里歐・進階版
〈變化款〉

A. 蜜黑豆捲

結合三種各具特色的麵糰，打造迷人風味與多層次口感

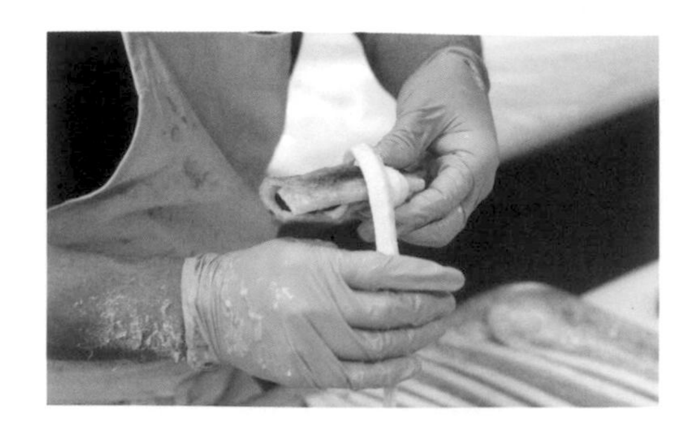

〈材料〉1個份

鄉村風吐司* ………… 1／3條
蘭姆糖漿（P.8） ………… 適量
蜜黑豆 ………… 15g
布里歐・進階版麵糰（P.34起／包入・攪拌後的麵糰） ………… 15g
奶油酥麵糰（P.18起／完成包入但未貼附鄉村麵包麵糰，並擀為3.5mm厚，再切成寬1.2cm×長45cm） ………… 1條

*於鄉村風吐司麵糰（P.78）的「分割・滾圓」步驟，分切為每個55g並滾圓，置於室溫20分鐘後，滾成長約24cm的棒狀。再將麵糰放入30℃・濕度70％的發酵箱內，進行1小時的最後發酵。接著放入烤箱，設定1次蒸氣功能，以上火260℃・下火220℃烘烤7分鐘，烤至表面呈現淺淺的色澤即可。

〈製程〉

▼ 成形
▼ 最後發酵（30℃・濕度70％的發酵箱・1小時）
▼ 烘烤（以165℃的對流恆溫烤箱烘烤40分鐘）

Check 1 成形

將烘烤成細長狀的鄉村風吐司，間隔8cm分切，並切開每一段的側邊。

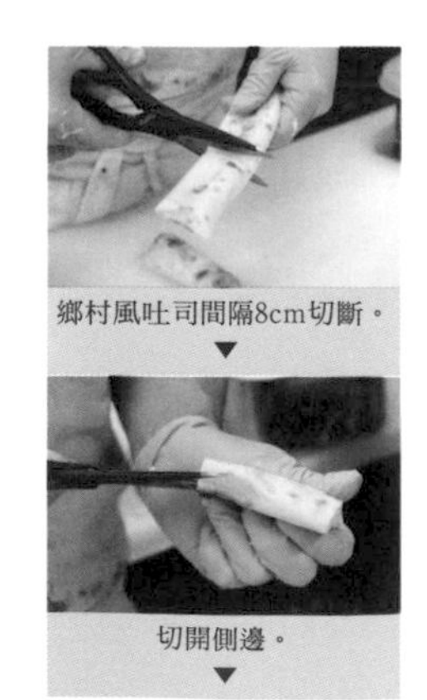

鄉村風吐司間隔8cm切斷。
▼
切開側邊。
▼

攤開鄉村風吐司浸入蘭姆糖漿內，並夾入蜜黑豆與布里歐・進階版麵糰，再以奶油酥麵糰捲起。

攤開。
▼
浸入蘭姆糖漿內。
▼
夾入蜜黑豆與布里歐・進階版麵糰。
▼
以奶油酥麵糰捲起。
▼
將起頭及收尾朝下放置，並排列於烤盤上。

B.煉乳奶油糖霜夾心麵包

中間夾入奶油糖霜，靈活運用酥脆的口感

〈材料〉1個份

布里歐・進階版麵糰（P.34起／包入・攪拌後的麵糰） ······ 30g
紅酒燉西洋梨*1 ······ 15g
烤核桃 ······ 5g
練乳奶油糖霜*2 ······ 5g

*1 將西洋梨乾切成2至3cm的丁狀，放入鍋中，倒入紅酒直至淹過西洋梨乾1/3，再以中火燉煮至紅酒收乾為止。
*2 在奶油8.1kg（容易製作的份量，以下皆同）內加入糖粉5.4kg、煉乳7kg，並以攪拌器攪拌均勻。

〈製程〉

▼ 分割・成形 （15g）
▼ 烘烤 （以150℃的對流恆溫烤箱烘烤30分鐘）
▼ 裝飾

Check 1 分割・成形

將布里歐・進階版麵糰分成每個15g的大小，放置於鐵氟龍烤盤上，並往下壓開，延展為直徑約6至7cm的圓形（大致是圓形即可）。製作數個相同的麵糰，並在其中一半的麵糰表面，放上紅酒燉西洋梨與烤核桃。

以兩手大拇指將麵糰往下壓開。
▼
在一半的麵糰上，放上以紅酒燉西洋梨與烤核桃。

Check 2 烘烤

成形後立即放入烤箱烘烤。

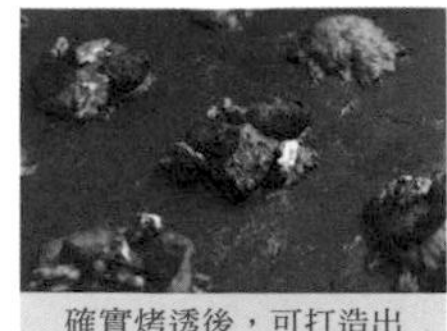

確實烤透後，可打造出酥餅般的口感。

Check 3 裝飾

將烘烤過後的麵包放入冰箱冷藏。在沒有添加配料的麵包上塗抹煉乳奶油糖霜，將放上配料的麵包從上方蓋下，作成夾心即完成。

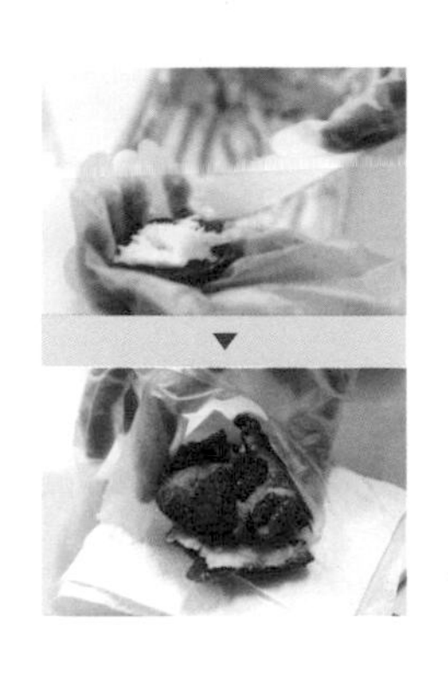

C.脆皮布里歐

以酥脆可口的外皮包覆麵包體，打造雙重美味

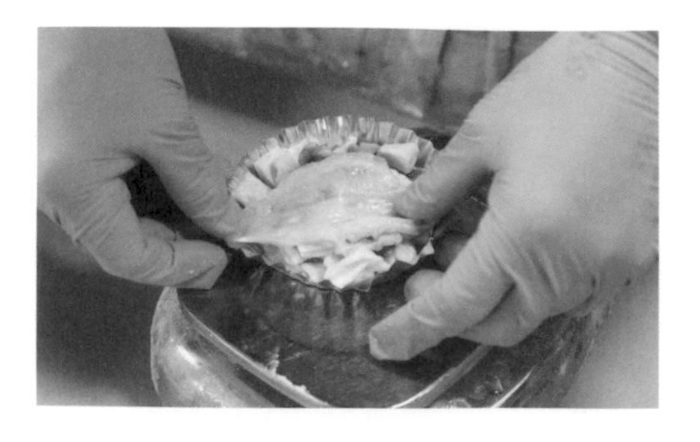

〈材料〉1個份

脆皮核桃麵包麵糰（P.25起／雙層奶油酥變化款「脆皮麵包」內混合核桃的奶油酥麵糰）……40g
布里歐・進階版麵糰（P.34起／包入・攪拌後的麵糰）……20g

〈製程〉

▼ 成形
▼ 最後發酵（30℃・濕度70％的發酵箱・20分鐘）
▼ 烘烤（以160℃的對流恆溫烤箱烘烤32分鐘）

Check 1 成形

在直徑8cm的鋁製容器內，放入脆皮麵包的麵糰，並將布里歐・進階版麵糰覆蓋在上方。

在脆皮麵包麵糰上方覆蓋布里歐進階版麵糰。
▼
將布里歐麵糰薄薄地延展開來，讓脆皮麵包麵糰呈現若隱若現的狀態。

D.貝拉維卡馬卡龍

以少量麵糰包裹滿滿內餡，帶來豐盈的節慶感

〈材料〉32個份

	布里歐・進階版麵糰（P.34起／包入・攪拌後的麵糰）	1kg
A*	西洋梨乾	700g
	葡萄乾	250g
	無花果乾	700g
	烘烤杏仁	100g
	烘烤核桃	100g
	蜂蜜	100g
	紅酒	200g
	開心果	100g
	洋茴香粉	0.2g
	肉荳蔻粉	1g
	丁香粉	1g
	芫荽粉	1g
B	蛋白	5個
	細砂糖	100g

*將A料全部混合均勻後，於室溫下放置一晚。

〈製程〉

▼ 手工攪拌
▼ 製作蛋白糖霜
▼ 分割・成形（100g）
▼ 烘烤（以150℃的對流恆溫烤箱烘烤30分鐘 ▶ 再以140℃烘烤10分鐘）

Check 1 手工攪拌

在作為內餡的A料內，加入布里歐・進階版麵糰，以雙手將所有的材料攪拌混合。

將布里歐・進階版麵糰加入內餡中。
▼

彷彿要將麵糊揉入內餡般，混和均勻。

▼

混合至看不見麵糊的顏色即可。

Check 2　製作蛋白糖霜・分割・成形

混合B料並打發起泡，以製作蛋白糖霜。將蛋白糖霜及混有內餡的麵糊分層填入直徑8.5cm×深1cm的模型內。

於蛋白內加入細砂糖後，請確實打發起泡至呈尖角狀（蛋白糖霜）。

▼

在塗有奶油（適量，份量外）的模型內，各填入15g的蛋白糖霜，中央作出凹陷，形成杯狀。

▼

各填入100g混有內餡的麵糊，並抹平表面。

▼

最後各覆蓋一層15g的蛋白糖霜，並抹平表面。

Check 3　烘烤

成形後立即送入烤箱烘烤。待蛋白糖霜確實烤透，呈現漂亮的金黃色即完成。

棍子麵包

— 基本麵糰 —

這是一款促使たま木亭內出現各式各樣充滿創意的發想，被稱作鎮店之寶的麵糰。使用滿滿的奶油或香甜的煮蘋果等材料，搭配大量味道濃郁的內餡，看似厚重的搭配卻意外地十分適合，也保有輕盈的口感。麵包本身帶著適當的甘甜及清爽的滋味，是款可以大口咬下、吃個不停的棍子麵包。此外，口感不會太過乾硬、「啪擦」一口就可咬斷的酥脆度，也是棍子麵包特有的迷人特點。雖然冷藏一晚即可帶出麵包本身的甜度，但也容易造成麵包無法咬斷的情況，透過加入「TERROIR PURE」麵粉，可以讓麵包的口感變得更好。

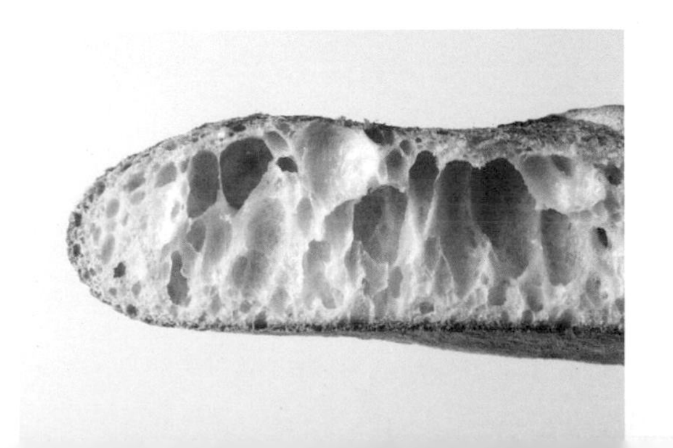

棍子麵包
〈基本麵糰〉

〈材料〉 麵粉需求5kg

材料	份量
百合花法國麵包用粉「LYS D'OR」	2.5kg / 50%
法國麵包用粉「TERROIR PURE」	2.5kg / 50%
水A	3.5kg / 70%
麥芽精	10g / 0.2%
鹽	100g / 2%
半乾酵母	7.5g / 0.15%
水B	500g / 10%

〈製程〉

▼ 自解法
將兩種麵粉、水A、麥芽精全部放入攪拌盆內
▸ 以螺旋攪拌器・低速攪拌3分鐘 ▸ 室溫・30分鐘

▼ 攪拌
放入鹽巴 ▸ 低速攪拌20秒
▸ 放入半乾酵母 ▸ 低速攪拌3分鐘
▸ 一邊加水（水B）一邊以低速攪拌3分鐘
▸ 高速攪拌40秒 ▸ 攪拌完成時的溫度為22℃

▼ 一次發酵・翻麵
室溫・30分鐘 ▸ 翻麵 ▸ 室溫・30分鐘
▸ 5℃・1晚

▼ 復溫・分割・滾圓
260g

▼ 中間發酵
室溫・30至40分鐘

▼ 成形
傳統棍形

▼ 最後發酵
室溫・1小時

▼ 烘烤
割上3道刀痕 ▸
蒸氣1次・以上火257℃・下火225℃烘烤24分鐘

〈作法〉

自解法

1 將麵粉「LYS D'OR」、「TERROIR PURE」、水A、麥芽精全部放入攪拌盆內，以螺旋攪拌器低速攪拌3分鐘後，不移動麵糰，直接靜置於室溫下30分鐘。

以低速攪拌3分鐘後的狀態。基準為所有的材料大致上結為塊狀。

攪拌

2 放入鹽巴，再次以螺旋攪拌器低速攪拌20秒。接著放入半乾酵母後，以低速攪拌3分鐘，並一邊少量多次將水B加入，一邊以低速持續攪拌3分鐘。最後以高速攪拌40秒即完成。攪拌完成時的溫度為22℃。

攪拌完成後麵糰富有彈性，即使將麵糰往上拉起也帶有厚度。

一次發酵・翻麵

3 將攪拌完成的麵糰移至麵包箱，靜置室溫30分鐘後，摺三摺（翻麵），再次靜置於室溫下30分鐘後，將麵糰放入5℃的冰箱冷藏靜置1晚。

復溫・分割・滾圓

4 將麵糰從冰箱取出，置於室溫下，直到麵糰的中心溫度恢復到17℃至18℃，接著將麵糰分切為每個260g後滾圓。

中間發酵

5 將滾圓後的麵糰靜置於室溫下30至40分鐘。

中間發酵後的麵糰。

成形

6　以手掌將麵糰壓平後，從前端與後端各摺入1/3後再對摺。接著利用手掌滾成長45cm、兩端較細的傳統棍形。

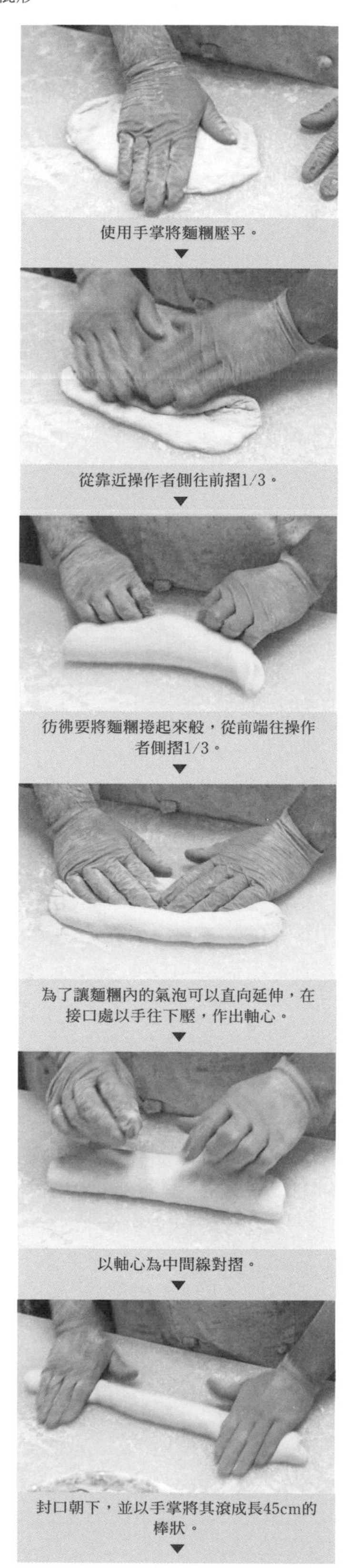

使用手掌將麵糰壓平。

從靠近操作者側往前摺1/3。

彷彿要將麵糰捲起來般，從前端往操作者側摺1/3。

為了讓麵糰內的氣泡可以直向延伸，在接口處以手往下壓，作出軸心。

以軸心為中間線對摺。

封口朝下，並以手掌將其滾成長45cm的棒狀。

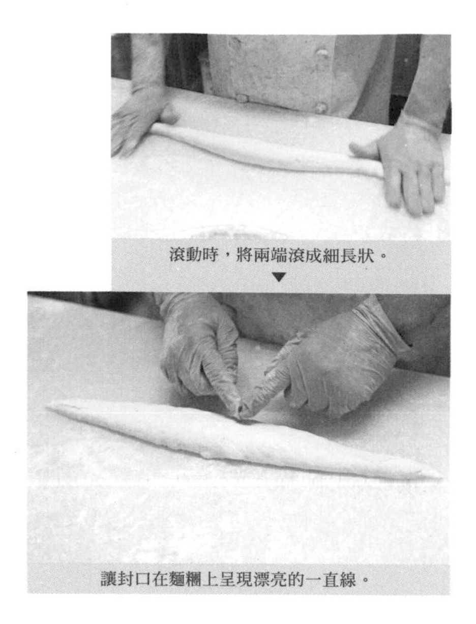

滾動時，將兩端滾成細長狀。

讓封口在麵糰上呈現漂亮的一直線。

最後發酵

7　讓麵糰封口朝上，並排列在發酵布上，接著於麵糰上方覆蓋一層塑膠布，靜置於室溫下1小時。

最後發酵後的麵糰。

烘烤

8　將麵糰移至進爐承板上，並割上3道刀痕，放入烤箱後馬上噴蒸氣1次，以上火257℃．下火225℃烘烤24分鐘即完成。

迅速地在每個麵糰上割上3道刀痕。

棍子麵包〈變化款〉

A. 脆皮格雷派餅（左圖上×2）

具有樸實感的棍子麵包麵糰，與不僅摺入奶油、砂糖，還混有核桃，內容相當豐富的脆皮核桃麵糰，兩者融合後，成為一款可同時呈現兩種截然不同美味的有趣麵包。若將脆皮核桃麵糰朝上烘烤，就會呈現酥脆的口感；相反的，若脆皮核桃麵糰位於底部，就會被埋在棍子麵包麵糰裡面蒸烤，而呈現出蓬鬆柔軟的口感。

B. 紅豆麻糬麵包（左圖中央右）

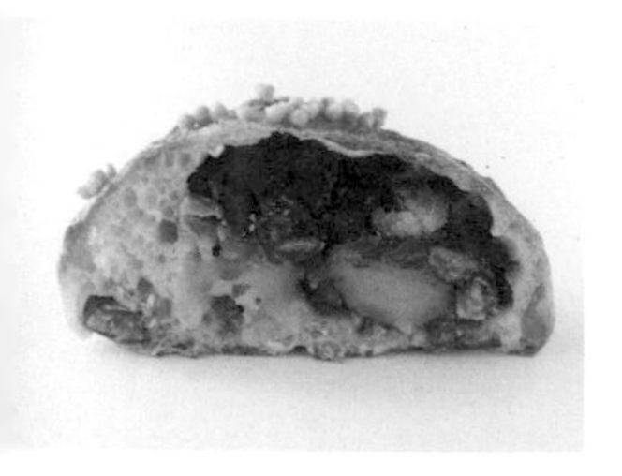

將柔軟的棍子麵包麵糰薄薄擀開，並包入白玉麻糬與蜜黑豆。只要一咬開酥薄爽口的外皮，就會溢出滿滿的餡料，也帶給人更多的驚喜感。

C. 焦糖奶油酥（左圖下）

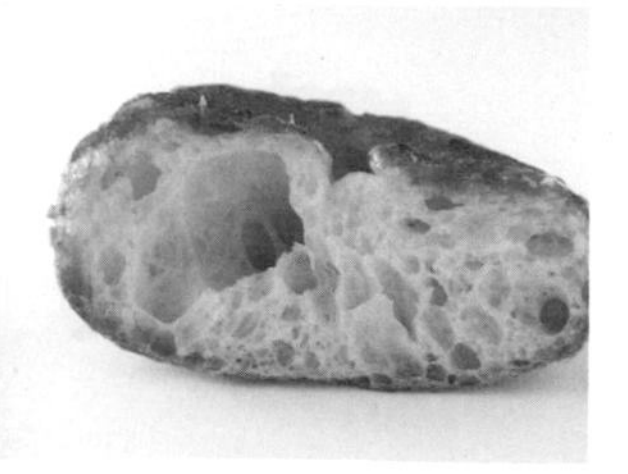

這款焦糖奶油酥以包入奶油的手法取代摺入奶油。而奶油和砂糖交互作用後所產生的焦糖，除了帶來光澤感之外，還緩緩地從麵包中流出。流出來的砂糖和奶油部分，搭配棍子麵包的風味，不僅帶來味覺上的張力，也讓人感受到簡單中流露的美味。

A.脆皮格雷派餅

不規則地嵌入脆皮核桃麵糰，營造豐富的口感

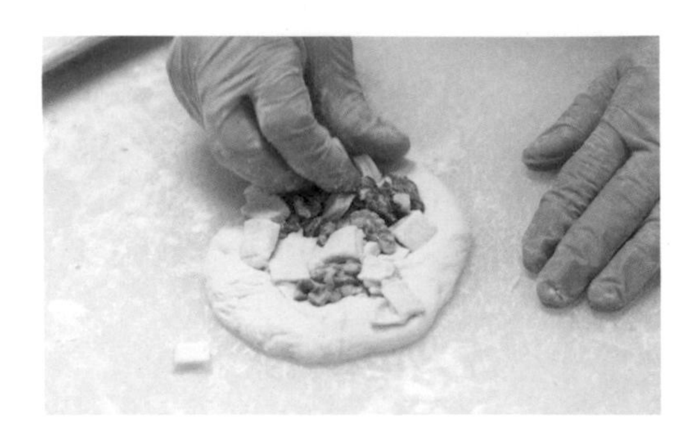

〈材料〉1個份

棍子麵包麵糰（P.44起／一次發酵・翻麵後，經過復溫且分切成90g並滾圓，置於室溫下30分鐘後的麵糰）……90g

奶油酥麵糰（P.25起／雙層奶油酥變化款「脆皮核桃麵包」作法中，混有核桃的奶油酥麵糰）……43g

〈製程〉

▼ 成形

▼ 最後發酵
（30℃・濕度70%的發酵箱・40至50分鐘）

▼ 烘烤（以165℃的對流恆溫烤箱烘烤25分鐘）

Check 1 成形

將棍子麵包麵糰壓平延展，並放上脆皮核桃麵糰。

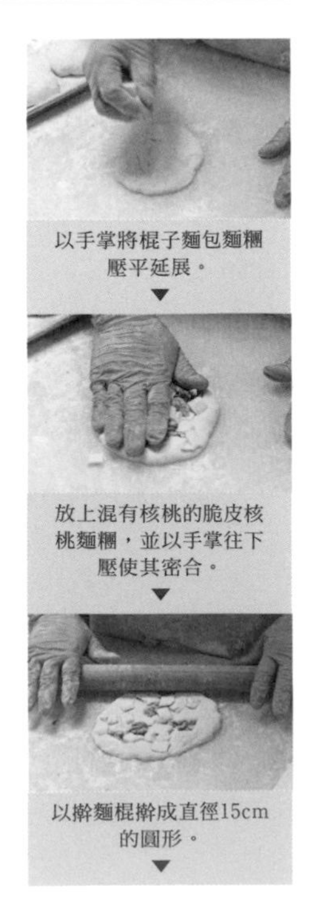

以手掌將棍子麵包麵糰壓平延展。
▼
放上混有核桃的脆皮核桃麵糰，並以手掌往下壓使其密合。
▼
以擀麵棍擀成直徑15cm的圓形。
▼

在放入烤箱時，放有脆皮核桃麵糰的一面要朝上或朝下放置，可以依喜歡的口感更改。

使用噴霧器將水噴在放有脆皮核桃麵糰的那一面。
▼
並排於烤盤上。這是脆皮核桃麵糰朝下放置的版本。
▼
這是脆皮核桃麵糰朝上放置的版本。

Check 2 烘烤

以165℃的對流恆溫烤箱，烘烤25分鐘即完成。

B.紅豆麻糬麵包

以包有麻糬的薄皮，創造出獨特口感

〈材料〉1個份

棍子麵包麵糰（P.44起／一次發酵・翻麵後，經過復溫且分切成50g並滾圓，置於室溫下30分鐘後的麵糰）……50g
蜜黑豆……60g
白玉麻糬……20g
小米果（P.8）……適量

〈製程〉

▼ 成形

▼ 最後發酵
（30℃・濕度70%的發酵箱・1小時15分鐘）

▼ 裝飾・烘烤 （蒸氣1次・以上火265℃・下火222℃烘烤15分鐘）

Check 1　成形

以手掌將棍子麵包麵糰壓平延展，再將蜜黑豆與白玉麻糬包裹於中央。

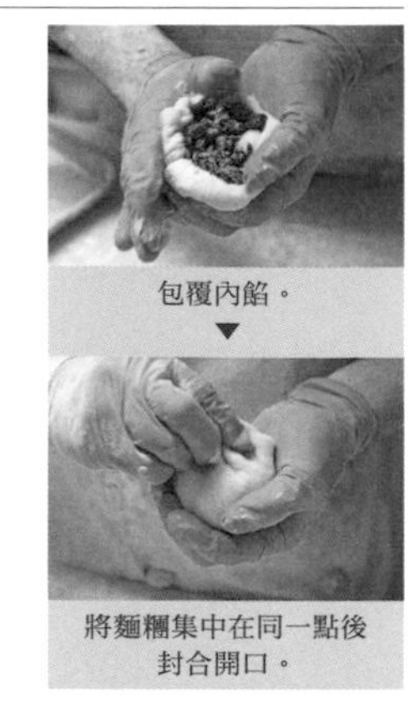

包覆內餡。
▼
將麵糰集中在同一點後封合開口。

Check 2　裝飾・烘烤

以噴霧器將水噴在完成最後發酵的麵糰表面，再灑上小米果，放入烤箱烘烤即完成。

C.焦糖奶油酥

以包入奶油的手法打造迷人風味

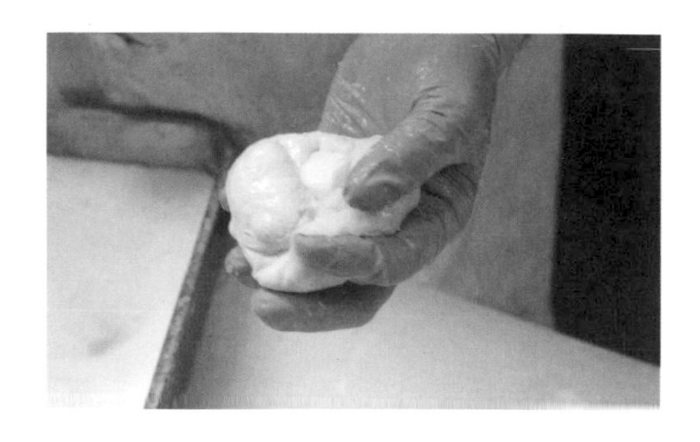

〈材料〉1個份

棍子麵包麵糰（P.44起／一次發酵・翻麵後，經過復溫且分切成90g並滾圓，置於室溫下30分鐘後的麵糰）……90g
含鹽奶油……15g
細砂糖……適量

〈製程〉

▼ 成形

▼ 最後發酵 （30℃・濕度70%的發酵箱・1小時）

▼ 烘烤 （以165℃的對流恆溫烤箱烘烤25分鐘）

Check 1　成形

在棍子麵包麵糰的中央放上含鹽奶油，並將奶油周圍的麵糰往中間集中，將奶油包入麵糰後，於表面撒上細砂糖。接著將灑有細砂糖的那一面朝下，放入塗有含鹽奶油（適量・份量外）與細砂糖（適量・份量外），直徑8.5cm×深1cm的模型內。

不要將奶油完全包覆，要呈現表面看得到奶油的狀態。
▼

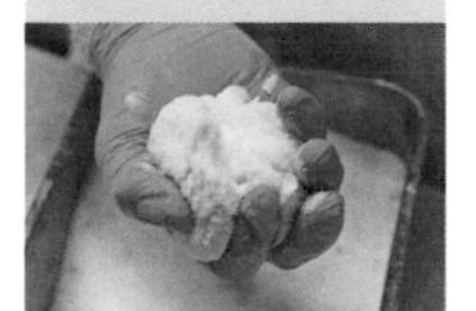

在看得到奶油的一面以噴霧器噴水，並於表面灑滿細砂糖。

兩次自解法棍子麵包

— 基本麵糰 —

是一款在呈現麵包表層與內裡各自美味的同時，還追求輕盈口感的棍子麵包。60%的麵糰在工作日前就已經先攪拌好，並靜置一晚以上。攪拌時使用改良於自解法的兩次自解法，以提高麵糰的延展性，製作出帶有適度蓬鬆感、化口性絕佳的麵糰。其中，50%的麵粉採用以法國小麥製成的「TERROIR PURE」搭配10%的石臼研磨麵粉，如此才能完成軟硬度適中，且饒富風味的麵糰。以法國小麥製作而成的麵包，擁有水分不容易跑至麵包表層的特性，因此即使經過長時間的放置，也仍能保有麵包酥脆的口感。

兩次自解法棍子麵包
〈基本麵糰〉

〈材料〉麵粉需求25kg

材料	重量 / 比例
法國麵包用粉「TERROIR PURE」	12.5kg / 50%
石臼研磨高筋麵粉「GRISTMILL」	2.5kg / 10%
水A	8.75kg / 35%
水B	8.75kg / 35%
麥芽精	50g / 0.2%
百合花法國麵包用粉「LYS D'OR」	10kg / 40%
魯邦種（P.7）	750g / 3%
半乾酵母	100g / 0.4%
鹽	500g / 2%
水C	1.75kg / 7%

〈製程〉

▼ 自解法1
將兩種麵粉與水A放入攪拌盆內
▸ 以螺旋攪拌器・低速攪拌3分鐘
▸ 攪拌完成時的溫度為20℃ ▸ 0℃・1晚以上

▼ 攪拌1
放入自解法1的麵糰、溶有麥芽精的水B與
百合花法國麵包用粉「LYS D'OR」
▸ 以螺旋攪拌器・低速攪拌8分鐘

▼ 自解法2
加入魯邦種、半乾酵母與鹽
▸ 室溫・15分鐘

▼ 攪拌2
低速攪拌4分鐘 ▸ 一邊加水（水C），一邊以低速攪拌1分鐘 ▸ 低速攪拌2分30秒 ▸ 攪拌完成時的溫度為22℃

▼ 一次發酵・翻麵
室溫・30分鐘 ▸ 翻麵 ▸ 室溫・1小時 ▸ 翻麵
▸ 室溫・1小時30分鐘

▼ 分割・滾圓
260g

▼ 中間發酵
30℃・濕度70%的發酵箱・30分鐘

▼ 成形
棍狀

▼ 最後發酵
30℃・濕度70%的發酵箱・1小時

▼ 烘烤
割上5道刀痕
▸ 放入上火270℃・下火230℃的烤箱
▸ 蒸氣2次・以上火268℃・下火210℃烘烤35分鐘

〈作法〉

自解法 1

1 將法國麵包用粉「TERROIR PURE」、石臼研磨高筋麵粉「GRISTMILL」與水A以螺旋攪拌器低速攪拌3分鐘，攪拌完成溫度為20℃。接著移入0℃的冰箱靜置1晚以上。

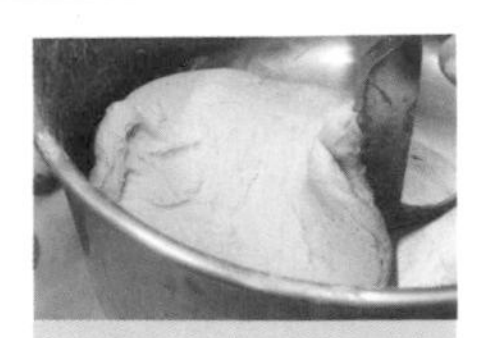
第一次自解法後的麵糰。

攪拌 1

2 將①的麵糰、溶有麥芽精的水B與百合花法國麵包用粉「LYS D'OR」放入攪拌盆內，以螺旋攪拌器低速攪拌8分鐘，直至麵粉與水完全融合。

攪拌後，麵粉與水完全融合的狀態。

自解法 2

3 在麵糰上方放上魯邦種、半乾酵母與鹽巴後，直接靜置15分鐘。

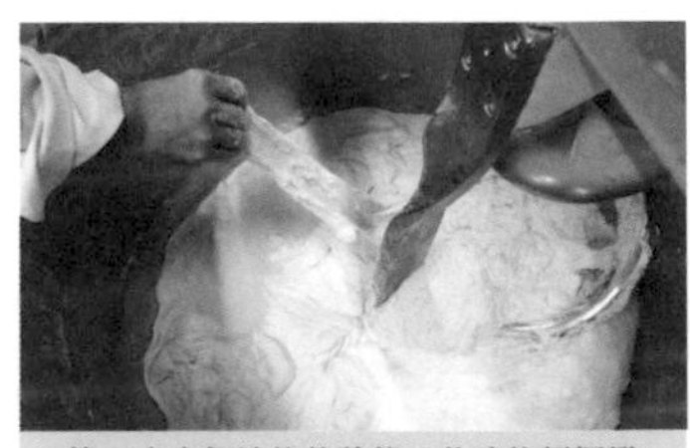
第二次自解法後的狀態。此時的麵糰變得有彈性，延展性也增加。

攪拌 2

4 以螺旋攪拌器低速攪拌4分鐘。等到整體均勻結為一團並出現光澤度時，一邊以低速攪拌，一邊多次少量的加入水C（約花費1分鐘左右時間）。待水全部加入後，繼續以低速攪拌2分30秒。攪拌完成時溫度為22℃。

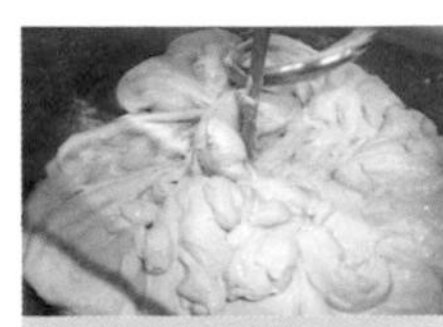
加入水後的樣子。
▼

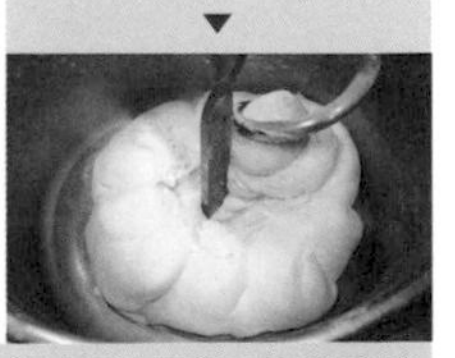
麵糰吸收水分後呈現滑順感，待麵糰彷彿要黏在攪拌器的鉤子上時，即表示攪拌完成。
▼

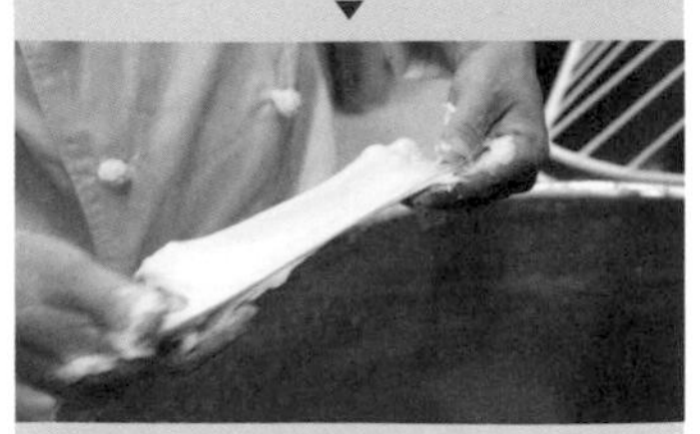
攪拌完成後的麵糰比一般的棍子麵包麵糰還具有黏性，且可以薄薄地展延開來。

一次發酵・翻麵

5　將麵糰移入麵包箱後，靜置於室溫下30分鐘。接著將麵糰的前端與後端摺3摺，左右也摺3摺（翻麵）。之後將麵糰上下顛倒，靜置於室溫下1小時30分鐘後，從前方與後方、左右各摺2次3摺（翻麵），再將麵糰上下顛倒，靜置於室溫下1小時30分鐘。

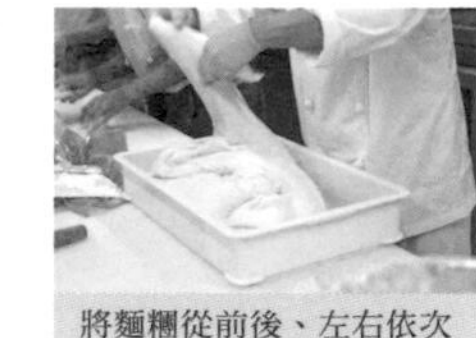

將麵糰從前後、左右依次序摺回（翻麵）。▼

第二次翻麵後，已靜置於室溫下1小時30分鐘的麵糰。

分割・滾圓

6　將麵糰分切為每個260g後，以手掌輕拍使麵糰內的氣體排出，並在工作臺上滾圓，接著將麵糰周圍往下方包入，作出表面膨脹的雞蛋形狀。

中間發酵

7　在30℃・濕度70％的發酵箱內放置30分鐘。

中間發酵後的麵糰。

成形

8　將麵糰置於工作臺上，並以手掌拍打使麵糰內的氣體排出。接著將麵糰翻面後，從靠近操作者一側往前摺1/3，再從前方往後摺一半。再一次對摺後，作成長45cm的棒狀。

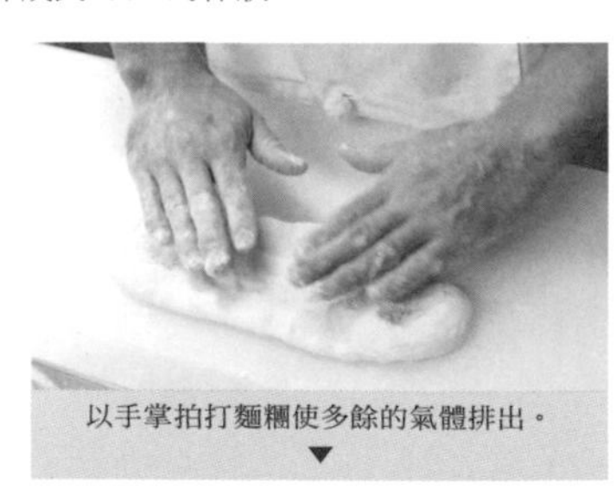

以手掌拍打麵糰使多餘的氣體排出。▼

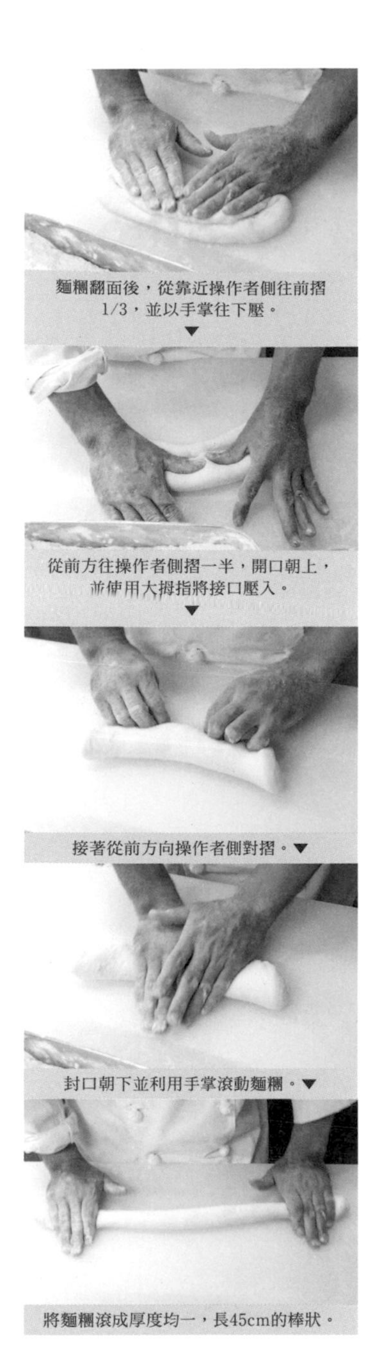

麵糰翻面後，從靠近操作者側往前摺1/3，並以手掌往下壓。▼

從前方往操作者側摺一半，開口朝上，並使用大拇指將接口壓入。▼

接著從前方向操作者側對摺。▼

封口朝下並利用手掌滾動麵糰。▼

將麵糰滾成厚度均一，長45cm的棒狀。

最後發酵

9　封口朝上，並排放置在發酵布上，於30℃・濕度70％的發酵箱靜置1小時。

烘烤

10　於麵糰表面上割上5道刀痕，放入上火270℃・下火230℃的烤箱中。等放入烤箱後，立即啟動2次蒸氣功能，並將溫度調整為上火268℃・下火210℃，烘烤35分鐘完成。輕敲麵包底部，若發出清脆的聲音，即表示烘烤恰到好處。

將麵糰移至進爐承板上，並割上5道刀痕。

兩次自解法棍子麵包〈變化款〉

A. 巧巴達麵包（左圖左排中央）

在攪拌完成後的兩次自解法棍子麵包麵糰裡，加入特級冷壓橄欖油與水，靜置10分鐘後再攪拌。這種作法不僅能提升麵糰原有的風味，還能打造出口感更佳的巧巴達麵包。

B. 卡門貝爾菸草盒麵包（左圖左排上）

在兩次自解法棍子麵包麵糰裡包入卡門貝爾乳酪，並將麵糰周圍薄薄地延展開來，調整為菸草盒形狀。適度烤焦而帶來的酥脆口感與焦香味，搭配柔軟的乳酪及濃郁奶香，呈現出兩種截然不同、卻又互相襯托的迷人風味。

C. 紅糖奶油圓麵包（左圖左排下）

在兩次自解法棍子麵包麵糰表層剪出十字型的剪口後，放上奶油與紅糖，再放入烤箱烘烤，是一款外表樸實的麵包。藉由放在預熱過的烤盤上進爐烘烤，不僅讓麵包呈現完美的膨脹曲線，也讓麵包體顯得更柔軟。此外，被溶出的奶油煎烤的麵包底部，還會形成焦香酥脆的絕佳口感。

D. 橙皮巧克力麵包（左圖右排）

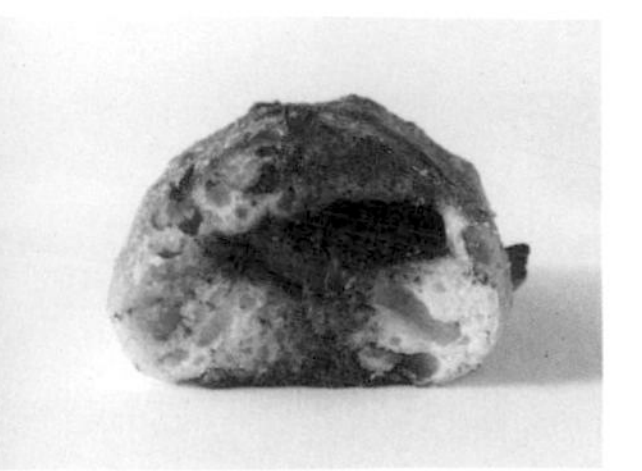

混入約麵糰50％份量的漬橙皮，並包入巧克力，再進行烘烤，是一款充滿柳橙風味的巧克力麵包。たま木亭所使用的是如同陳皮般、香味濃郁的半乾漬橙皮。若想表現出相同的風味，可以利用干邑橙酒為陳皮添增香氣。

A.巧巴達麵包

加入橄欖油與水分，打造口感濕潤且美味的麵包

〈材料〉17個份

兩次自解法棍子麵包麵糰（P.52起／完成攪拌2後的麵糰）……2.7kg
特級冷壓初榨橄欖油……75g
水……300g

〈製程〉

▼ 分開麵糰之後的攪拌 （將麵糰與特級冷壓初榨橄欖油一同放入攪拌盆內 ▸ 低速30秒 ▸ 加水 ▸ 低速攪拌9分鐘 ▸ 高速攪拌1分鐘 ▸ 攪拌完成時的溫度為22℃）

▼ 一次發酵・翻麵 （室溫・30分鐘 ▸ 翻麵 ▸ 室溫・1小時 ▸ 翻麵 ▸ 室溫・1小時30分鐘）

▼ 分割・成形 （180g）

▼ 最後發酵 （30℃・濕度70％的發酵箱・1小時）

▼ 烘烤 （於麵糰表面割上十字型的刀痕 ▸ 以上火260℃・下火230℃烘烤16分鐘）

Check 1 翻麵

為了不讓麵糰過度膨脹，需輕輕進行2次翻麵。

將麵糰提起後再放回麵包箱內。

▸

將麵糰調整為容易成形的形狀。

Check 2 分割・成形

在麵糰上撒上粗粒小麥粉（適量・份量外），大致分切成正方形即可。

為了不破壞麵糰組織，直接在麵包箱內分切。

B.卡門貝爾菸草盒麵包

運用包入疊起的技巧，打造Q彈酥脆的口感

〈材料〉1個份

兩次自解法棍子麵包麵糰（P.52起／一次發酵・翻麵後，分切為90g並滾圓，置於30℃・濕度70％的發酵箱內30分鐘後的麵糰）……90g
卡門貝爾乳酪……25g
橄欖油……適量

〈製程〉

▼ 成形

▼ 最後發酵 （重疊麵糰的那一面朝下，並排放置於發酵布上 ▸ 30℃・濕度70％的發酵箱・1小時）

▼ 烘烤 （重疊麵糰的那一面朝上，並排放置於烤盤上 ▸ 1次蒸氣・以上火265℃・下火240℃烘烤18分鐘）

Check 1 成形

將兩次自解法棍子麵包麵糰延展成橢圓形。於麵糰的一側包入卡門貝爾乳酪，在未包有乳酪一側的前端塗抹橄欖油後對摺。

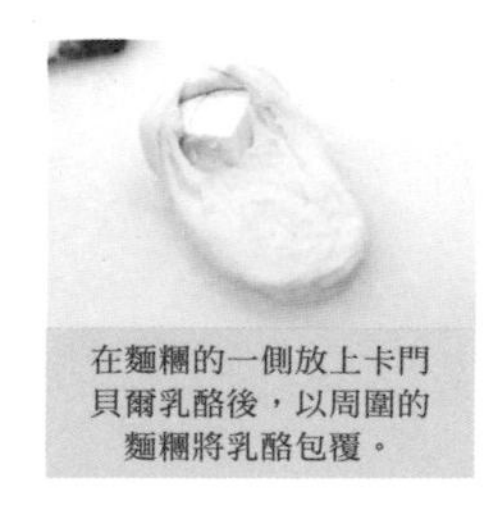

在麵糰的一側放上卡門貝爾乳酪後，以周圍的麵糰將乳酪包覆。

▸

將剩下的麵糰往中央集中並閉合接口

▼

在未包有乳酪一側的前端塗抹橄欖油，並將塗有橄欖油的麵糰摺疊在包有乳酪的麵糰上。

C.紅糖奶油圓麵包

放置在熱呼呼的烤盤上，進爐烘烤出蓬鬆的口感

〈材料〉1個份

兩次自解法棍子麵包麵糰（P.52起／一次發酵・翻麵後，分切為80g並滾圓，置於30℃・濕度70%的發酵箱內30分鐘後的麵糰）……80g
奶油……9g
紅糖……適量

〈製程〉

▼ 成形
▼ 最後發酵（30℃・濕度70%的發酵箱・1小時）
▼ 裝飾・烘烤（於麵糰表面割上十字型的刀痕 ▸ 放入上火265℃・下火240℃的烤箱 ▸ 1次蒸氣・以上火260℃・下火225℃烘烤16分鐘）

Check 1　成形

將兩次自解棍子麵包麵糰從四周往下拉，使表層膨起似地滾圓。

Check 2　裝飾

將完成最後發酵的麵糰放在預熱的烤盤上進行裝飾。

在麵糰中央以剪刀剪出十字型。▼

放上奶油並撒上紅糖。

D.橙皮巧克力麵包

以混有漬橙皮的麵糰將巧克力完全包覆

〈材料〉19個份

兩次自解法棍子麵包麵糰（P.52起／完成攪拌2後的麵糰）……1kg
漬橙皮（P.8）……520g
黑巧克力（P.8）……380g

〈製程〉

▼ 揉入漬橙皮
▼ 一次發酵・翻麵（室溫・2小時 ▶ 翻麵 ▶ 室溫・1小時）
▼ 分割・滾圓（80g）
▼ 中間發酵（30℃・濕度70%的發酵箱・30分鐘）
▼ 成形
▼ 最後發酵（30℃・濕度70%的發酵箱・1小時）
▼ 烘烤（於麵糰表面劃上6道刀痕 ▶ 1次蒸氣・以上火270℃・下火240℃烘烤13分鐘）

Check 1　揉入漬橙皮

將兩次自解棍子麵包麵糰延展成較長的長方形，並將漬橙皮分2次摺入麵糰內。每次摺入都需前後、左右各摺1次3摺。接著以刮板持續切斷攪拌，混合至漬橙皮平均分布於麵糰內為止。

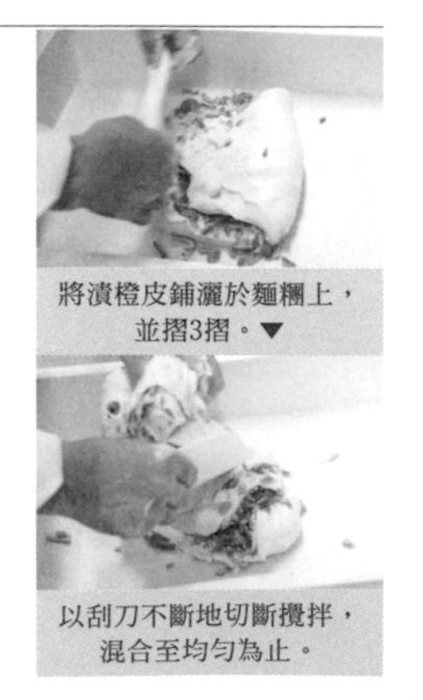

將漬橙皮鋪灑於麵糰上，並摺3摺。▼

以刮刀不斷地切斷攪拌，混合至均勻為止。

Check 2　成形

以手掌將麵糰壓平，並包入巧克力。接著滾動麵糰，將形狀調整為兩端較尖、長約14cm的棒狀。

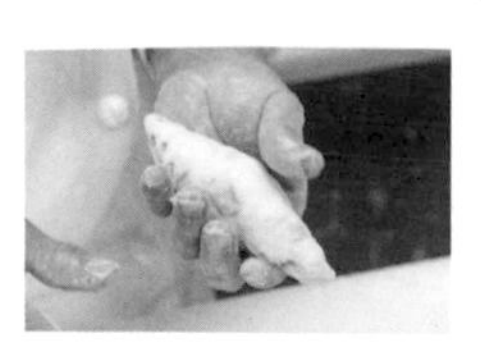

たま木亭的烘焙廚房

創造讓工作人員都能舒適工作的環境

我在2001年2月28日，於生養我的故鄉——京都府宇治市開設「たま木亭」。從那天起，我們就在13坪的小店面裡持續不斷地製作麵包。但因為持續在狹窄的廚房內工作，經常發生工作人員中暑的事件，為了避免這種情況再發生，我決定遷移店面。2015年7月，たま木亭在距離舊店步行三分鐘的位置，重新開幕。懷抱著想要改善工作環境，並打造出一間讓所有工作人員都能感到舒適的店面的想法，我選擇一棟兩層樓的新建築，占地面積約110坪，而建坪約90坪。一樓設置了約25坪的廚房，二樓則是準備三明治等商品的調理室及食品庫。

重新設計廚房時，我最重視的是「空調」。為了在炎熱的季節也能舒適工作，刻意在容易形成高溫環境的烤爐前設置移動式冷氣，排熱、排氣用的空調設備也導入最新機種，還增設了大型的螺旋攪拌器、烤箱、凍藏發酵箱、急速冷凍庫與包餡機等廚房機械，麵包的生產力也因此提升了約2.5倍。

雖然廚房機械的擺設和舊店相同，皆是依照前置準備到烘烤的流程順序，配置位置，但因廚房變得寬廣，作業臺也得以增加。不過分割、成形等作業依然按照舊有模式，由所有的工作人員圍著同一個作業臺進行。這是為了集中作業流程，提高工作效率。

雖然在店面遷移後，麵包的生產量增加了1.5倍，但基本麵糰始終都是由我獨自準備，因為麵包的好壞，有七成都是視麵糰而決定。儘管店面擴增不少，但透過自己的手，製作出符合自己標準的麵包，並呈現麵包的美味給客人享用，這種想法從來沒有改變。

高蛋白麵包

— 基本麵糰 —

麵糰Q彈有彈性，入口即化。主要使用的是蛋白質含量高達14.5%的高筋麵粉「KING」，灰質含量也高，因此可以帶來豐富的層次。由於富含高蛋白，所以將糊化麵粉和水混合後加入，就能作出爽脆的口感。因為是不含油分的清爽麵糰，很適合搭配焦糖醬或奶油起司等稍微「黏口」的濃郁配料。若搭配易溶於口的配料，則能讓麵包呈現完美的整體感。容易作出各種不同的變化，是這款麵包的魅力所在。

高蛋白麵包
〈基本麵糰〉

〈材料〉麵粉需求5kg

［前置處理］

α糊化麵粉「Alpha Flour P」	1kg / 20%
水A	1kg / 20%

［主麵糰］

高筋麵粉「KING」	4kg / 80%
前置處理後的麵糰	上列全部份量
鹽	100g / 2%
上白糖	100g / 2%
麥芽精	10g / 0.2%
維他命C（1%水溶液）	5g / 0.1%
半乾酵母	10g / 0.2%
前一日的高蛋白麵糰*	1kg / 20%
魯邦種（P.7）	250g / 5%
水B	3kg / 60%
水C	850g / 17%

＊前一日攪拌完成時預先留下，置於0°C的冰箱內一晚以上的主麵糰。首次製作時，請依以下方式準備：將主麵糰材料中除了「前一日的高蛋白麵糰」的材料，以與主麵糰相同的烘焙百分比與方式進行攪拌，置於室溫下1小時後，放入0°C的冰箱內一晚以上，隔天便可作為「前一日的高蛋白麵糰」使用。

〈製程〉

▼ 前置處理
直立式攪拌器・低速攪拌至麵粉完全吸收水A為止
0℃・1晚以上

▼ 主麵糰的攪拌
將水C以外的材料全部放入攪拌盆內
▸ 螺旋攪拌器・低速攪拌9分鐘 ▸ 高速攪拌3分鐘
▸ 一邊加水（水C），一邊以低速攪拌8分鐘
▸ 高速攪拌5分鐘
▸ 攪拌完成時的溫度為22℃至23℃

▼ 一次發酵・復溫・翻麵・中間發酵
－2℃・1晚 ▸ 復溫 ▸ 翻麵 ▸ 室溫・15分鐘

▼ 分割・成形
375g・正方形

▼ 最後發酵
室溫・1小時

▼ 烘烤
割上十字型的刀痕
▸ 以上火263℃・下火220℃烘烤20分鐘

〈作法〉

前置處理

1 將材料全部放入攪拌盆內，使用直立式攪拌器以低速攪拌至麵粉完全吸收水A為止。放入0℃的冰箱內靜置1晚以上。

靜置1晚以上的麵糰。

主麵糰的攪拌

2 將水C以外的材料全部放入攪拌盆內，使用螺旋攪拌器低速攪拌9分鐘，直至麵粉與水確實融合為止。待麵糰呈現彷彿要黏在攪拌器的鉤子上的狀態時，以高速攪拌3分鐘後，改回低速攪拌，一邊少量多次加入水C（加水），一邊攪拌8分鐘之後，再以高速攪拌5分鐘即完成。攪拌完成時的溫度為22℃至23℃。

一開始以低速攪拌，讓麵粉與水確實連結融合。
▼
待麵糰呈現彷彿要跟攪拌盆分離的狀態時，就表示即將攪拌完成。
▼
攪拌完成。拉起麵糰時可以看到扎實有彈性的薄膜。

一次發酵・復溫・翻麵・中間發酵

3　將麵糰移入麵包箱後，置於-2℃的冰箱1晚。隔日再將麵糰取出，並置於室溫下直到麵糰中心溫度恢復到15℃左右。接著將麵糰前後、左右摺疊（翻麵），再靜置於室溫中15分鐘。

翻麵後的麵糰。

分割・成形

4　將麵糰分切為每個375g的正方形（大略即可）即成形。

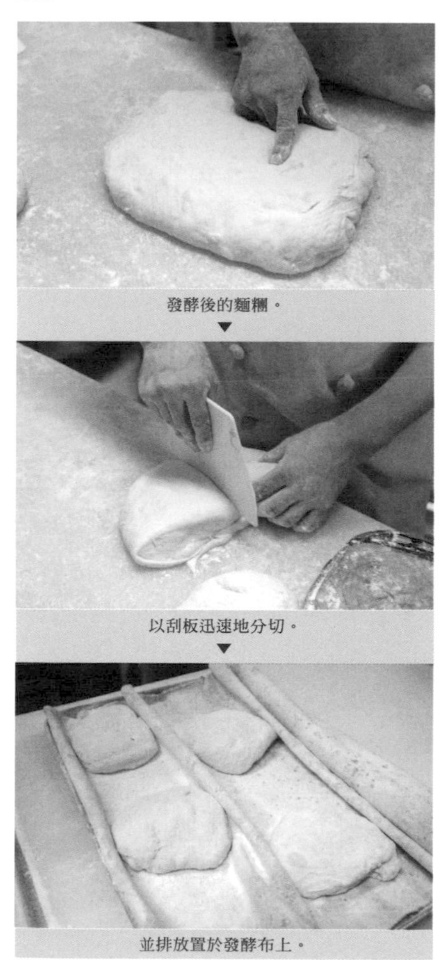

發酵後的麵糰。

▼

以刮板迅速地分切。

▼

並排放置於發酵布上。

最後發酵

5　將麵糰靜置於室溫下1小時使其發酵。

最後發酵後的麵糰。

烘烤

6　在最後發酵後的麵糰表層割上十字型的刀痕，再放入烤箱中，以上火263℃・下火220℃烘烤20分鐘即完成。

用力割上十字型的刀痕。

▼

烘烤19分鐘後，取出烤盤前後對調，再度放入烤箱中。圖中為麵包剛出爐的模樣。

高蛋白麵包〈變化款〉

A. 草莓白巧克力麵包（左圖上×4）

看似樸素的熱狗麵包，內裡卻滿是甜美的草莓乾、白巧克力及濃厚的奶油起司。大口咬下，品嘗迷人的滋味。

B. 葡萄乾無花果焦糖醬麵包（左圖下×4）

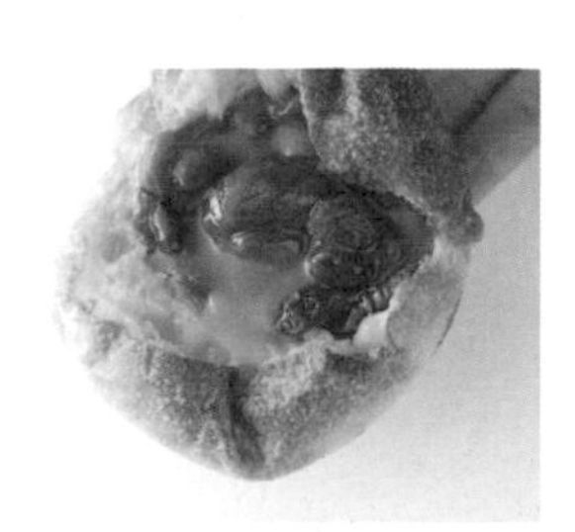

包入蘭姆酒漬葡萄乾與無花果乾後，放入烤箱烘烤，再夾入大量味道醇厚的自家製焦糖醬。由於麵包吸收了大量的焦糖醬，口感顯得更為濕潤可口。

C. 蜜黑豆麵包（左圖左中）

利用麵包所蘊含的蜜黑豆甜味，可突顯出高蛋白麵包的風味。將蜜黑豆分2次摺入，每次都需摺三摺，最後再進行3至4次三摺，讓蜜黑豆布滿整個麵糰。

A.草莓白巧克力麵包

濃郁的甜美內餡 遇上了清爽的麵糰

〈材料〉1個份

高蛋白麵糰*（P.62起／主麵糰攪拌後，置於室溫30至40分鐘，接著分切為50g並滾圓後，置於-2℃的冰箱內1至2晚）……50g
白巧克力（P.8）……15g
草莓乾……15g
奶油起司……30g
*不需要復溫，可直接成形。

〈製程〉

▼ 成形
▼ 最後發酵（30℃・濕度70%的發酵箱・50分鐘）
▼ 烘烤・裝飾（蒸氣1次・以上火265℃・下火225℃烘烤12分鐘）

Check 1 成形

將草莓乾和白巧克力放在高蛋白麵糰上。

麵糰從冰箱內拿出後無需復溫，可直接成形。▼
將白巧克力從麵糰上方用力壓下。▼
放上草莓乾。▼

迅速地將麵糰封口並整理形狀。

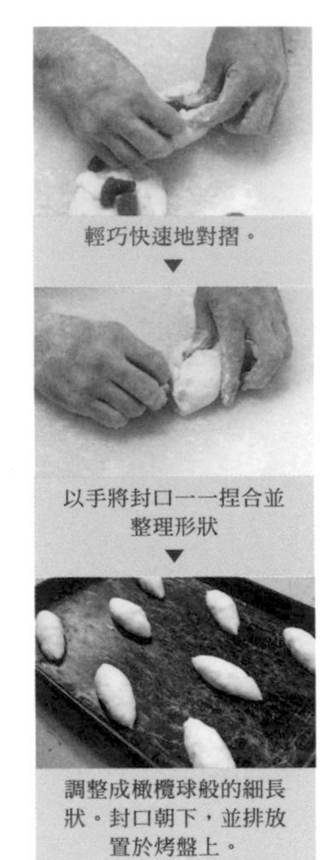

輕巧快速地對摺。▼
以手將封口一一捏合並整理形狀▼
調整成橄欖球般的細長狀。封口朝下，並排放置於烤盤上。

Check 2 烘烤・裝飾

待出爐冷卻後，夾入奶油起司即完成。

最後發酵後。▼
烘烤前先撒上高筋麵粉（適量・份量外）。▼
烘烤完放涼後，從側邊切開，並夾入大量的奶油起司。

B.葡萄乾無花果焦糖醬麵包

蘊含著大量濃稠的焦糖醬

〈材料〉1個份

高蛋白麵糰*（P.62起／主麵糰攪拌後，置於室溫30至40分鐘，接著分切為55g並滾圓後，置於-2℃的冰箱內1至2晚）……55g
蘭姆酒漬葡萄乾（P.8）……25g
蘭姆酒漬無花果乾（P.8）……25g
焦糖醬（P.8）……25g
*不需要復溫，可直接成形。

〈製程〉

▼ 成形
▼ 最後發酵（30℃・濕度70%的發酵箱・50分鐘）
▼ 烘烤・裝飾（蒸氣1次・以上火265℃・下火225℃烘烤12分鐘）

Check 1 成形

以手將高蛋白麵糰壓平，放上蘭姆酒漬葡萄乾及無花果乾，並將其完整包覆。

Check 2 裝飾

待出爐冷卻後，將麵包斜上方的位置切開，並填入焦糖醬。

切開後要稍微攤開。

C.蜜黑豆麵包

融合蜜黑豆的甘甜與麵糰原有的風味，帶來多層次的口感

〈材料〉4個份

高蛋白麵糰（P.62起／一次發酵・復溫後，分切成750g的麵糰）……750g
蜜黑豆……400g

〈製程〉

▼ 摺入餡料
▼ 中間發酵（室溫・15分鐘）
▼ 成形（約290g）
▼ 最後發酵（30℃・濕度70%的發酵箱・1小時10分鐘）
▼ 烘烤（2道割痕 ▸ 以上火263℃・下火220℃烘烤18分鐘）

Check 1 摺入餡料

將蜜黑豆分成2次摺入高蛋白麵糰內，並進行3次至4次3摺，讓蜜黑豆能均勻散布在麵糰裡。

在長方形的麵糰中央放上一半份量的蜜黑豆。
▼
由前後兩端，各自摺入1/3。以相同方法將剩下的蜜黑豆摺入麵糰中。

Check 2 成形

以切板將麵糰分切為每個290g的正方形後即成形。

脆皮吐司

— 基本麵糰 —

這是一款口感酥脆且Q彈軟嫩的吐司。使用以加拿大高品質小麥製作的高筋麵粉，再加入灰分比例高的石臼研磨麵粉，兩者的搭配相得益彰，增添了不少風味。為了作出美味更上一層樓的麵糰，還特地加入前一日事先作好的脆皮吐司麵糰與魯邦種。由於我喜愛味道自然樸實的吐司，所以沒有加入牛奶和蛋，不過為了作出柔順且入口即化的麵糰，油脂是不可或缺的重要關鍵。為此，我特別添加沒有強烈香氣的豬油，以打造濕潤、酥脆且自然的口感。

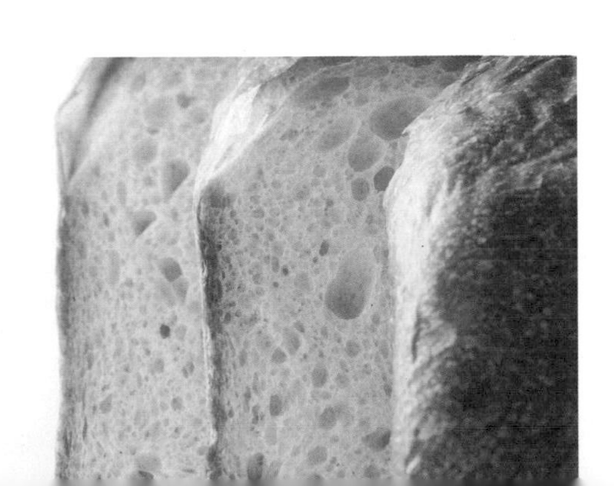

脆皮吐司
〈基本麵糰〉

〈材料〉麵粉需求10kg

A	石臼研磨高筋麵粉「GRISTMILL」	3kg / 30%
	高筋麵粉「KING」	7kg / 70%
	水A	7kg / 70%
	麥芽精	20g / 0.2%
	維他命C（1%水溶液）	5g / 0.05%
	魯邦種（P.7）	500g / 5%
	半乾酵母	50g / 0.5%
	上白糖	100g / 1%
	鹽	200g / 2%
前一日的脆皮吐司麵糰*		5kg / 50%
水B		1.2kg / 12%
豬油		300g / 3%

*前一日攪拌完成時預先留下，置於0°C的冰箱內一晚以上。首次製作時，請依以下方式準備：將除了「前一日的脆皮吐司麵糰」的材料，以相同的烘焙百分比與方式進行攪拌，置於室溫下1小時後，放入0°C的冰箱內一晚以上，隔天便可作為「前一日的脆皮吐司麵糰」使用。

〈製程〉

▼ 攪拌
將A料放入攪拌盆內
- ▶ 以螺旋攪拌器・低速攪拌2分鐘
- ▶ 放入前一日的脆皮吐司麵糰
- ▶ 低速攪拌10分鐘 ▶ 高速攪拌1分鐘30秒
- ▶ 一邊加水（水B）一邊以低速攪拌1分鐘
- ▶ 低速攪拌3分鐘 ▶ 放入豬油 ▶ 低速攪拌40秒
- ▶ 高速攪拌1分鐘 ▶ 攪拌完成時溫度為23℃

▼ 一次發酵・翻麵
室溫・1小時 ▶ 翻麵 ▶ 室溫・1小時

▼ 分割・滾圓
800g

▼ 中間發酵
室溫・15分

▼ 成形
海參狀・12cm×25.5cm×高12cm的吐司模型

▼ 最後發酵
30℃・濕度70%的發酵箱・2小時

▼ 烘烤
割上1道刀痕
- ▶ 以上火193℃・下火260℃烘烤47分鐘

〈作法〉

攪拌

1　將A料全部放入攪拌盆後，以螺旋攪拌器低速攪拌2分鐘。加入前一日的脆皮吐司麵糰，以低速攪拌10分鐘。待麵糰可以黏著在攪拌器的鉤子上時，改以高速攪拌1分鐘30秒。接著轉回低速，一邊少量多次地加入水B，一邊攪拌1分鐘。水B全部加入後，以低速攪拌3分鐘，並加入豬油。一邊以刮板將麵糰集中至攪拌鉤處，一邊繼續以低速攪拌40秒後，再以高速攪拌1分鐘。攪拌完成的溫度為23℃。

以低速攪拌至麵粉與水完全融合後。▼

放入前一日的麵糰。▼

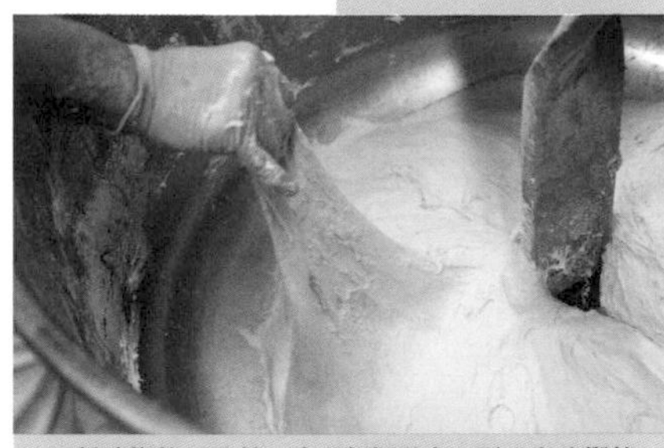

以低速攪拌10分鐘，直至麵糰融合，再以高速攪拌使其出筋。呈現如圖所示，麵糰融合得恰到好處，可以拉長的狀態。▼

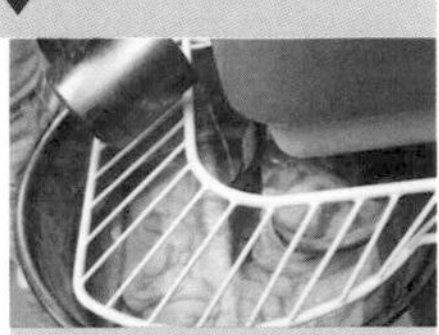

將水B慢慢地加入攪拌盆中央。▼

待水完全融入麵糰後，再加入豬油。▼

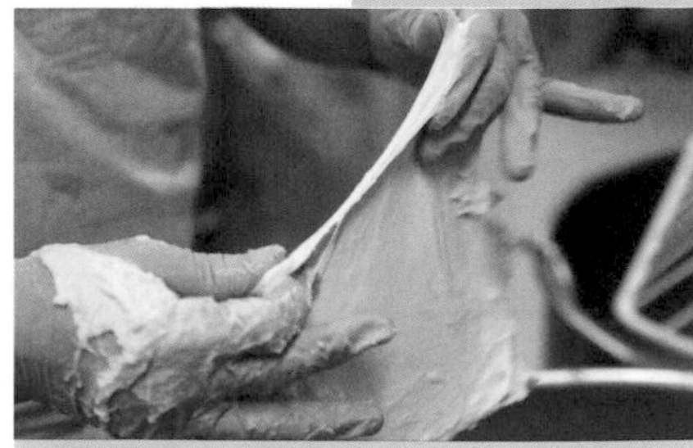

將麵糰拉起時，若能既薄且均勻地延展開來，即代表攪拌完成。

一次發酵・翻麵

2　將麵糰移入麵包箱，靜置於室溫下1小時後翻麵。方法為在麵包箱內，將麵糰從前後、左右的方向重複摺疊3次至4次。待翻麵完成後，再次靜置於室溫下1小時。

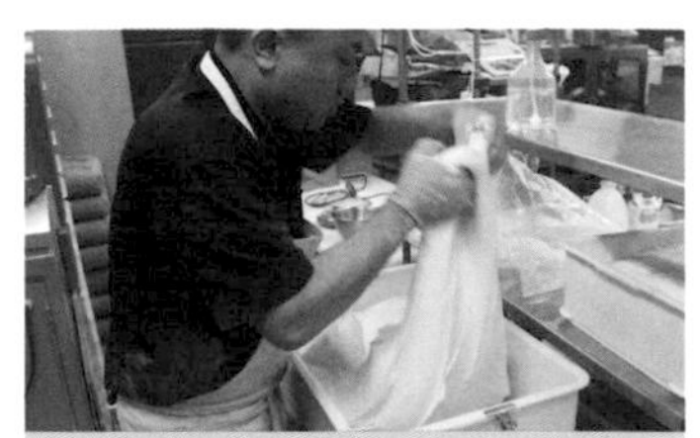
翻麵結束後，將麵糰往上提起，彷彿要將麵糰捲起似地對摺。

分割・滾圓

3　將麵糰分切為每個800g後，一邊將表層的麵皮向下拉，讓表層膨起，一邊從靠近操作者側將麵糰往前捲起，作成圓柱狀。

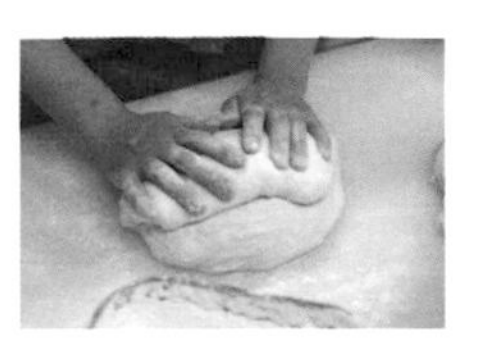

中間發酵

4　靜置於室溫下15分鐘。

成形

5　將麵糰放在作業臺上，以手掌拍打，讓麵糰內的空氣排出，翻面後再拍打一次。接著一邊將表層的麵皮向下拉，讓表層膨起，一邊從靠近操作者側往前將麵糰捲起，作成海參狀。最後將麵糰封口朝下，放入12cm×25.5cm×高12cm的吐司模型內。

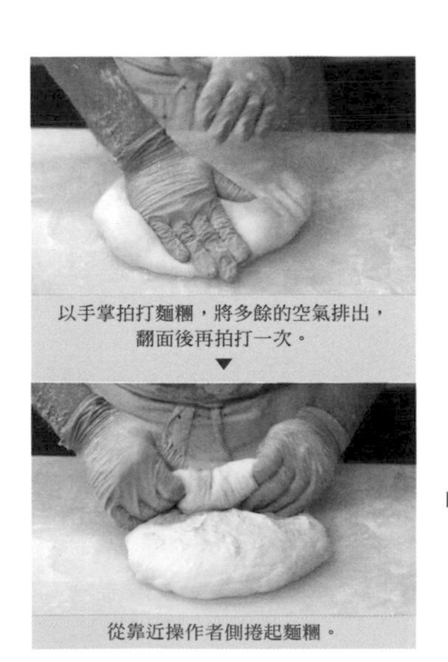
以手掌拍打麵糰，將多餘的空氣排出，翻面後再拍打一次。
▼
從靠近操作者側捲起麵糰。

▶

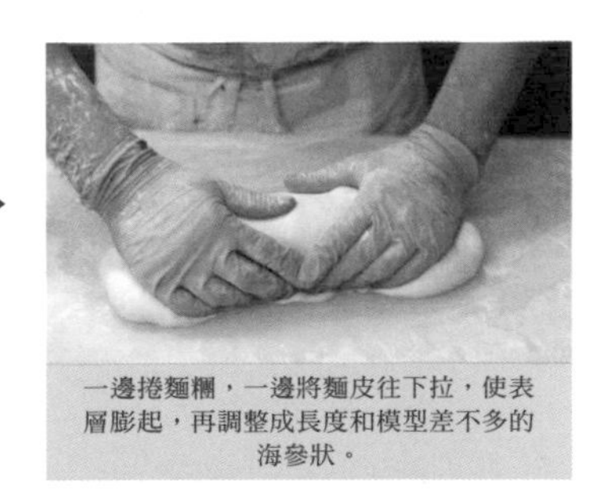
一邊捲麵糰，一邊將麵皮往下拉，使表層膨起，再調整成長度和模型差不多的海參狀。

最後發酵

6　在30℃・濕度70%的發酵箱內靜置2小時。

最後發酵前的麵糰。
▼
最後發酵後的麵糰。

烘烤

7　在麵糰表層的中央割1道刀痕，放入烤箱中，以上火193℃・下火260℃烘烤47分鐘完成。

出爐後將模型往檯面輕叩，即可脫模。

脆皮吐司〈變化款〉

A. 早安麵包（左圖上）

將有機穀麥和核桃包覆在脆皮吐司麵糰內，以擀麵棍擀薄，接著將有機穀麥和核桃作為配料，直接放在麵糰上進爐烘烤。堅果的油脂滲入麵包主體後，出爐時不僅會如仙貝般充滿焦香味，還帶有香脆的口感。

B. 德國風味亞麻子培根麵包（左圖中上）

由於想讓客人有「滿載而歸」的感覺，因此刻意在麵包中放入豐富的配料。以脆皮吐司麵糰將長15cm的厚切培根整個包覆，並將有益健康的亞麻子烘烤後撒在麵包表層。看似厚實油膩，但因德國酸菜獨特的酸味，讓人吃到最後一口都仍覺得相當美味。

C. 荷蘭麵包（左圖中下）

將荷蘭產的高達乳酪和如陳皮般充滿香氣的半乾漬橙皮，大量地摺入麵糰中，是一款充滿風味與酸味的麵包。由於餡料過多導致難以成形，故不須特別塑型即可進爐烘烤。

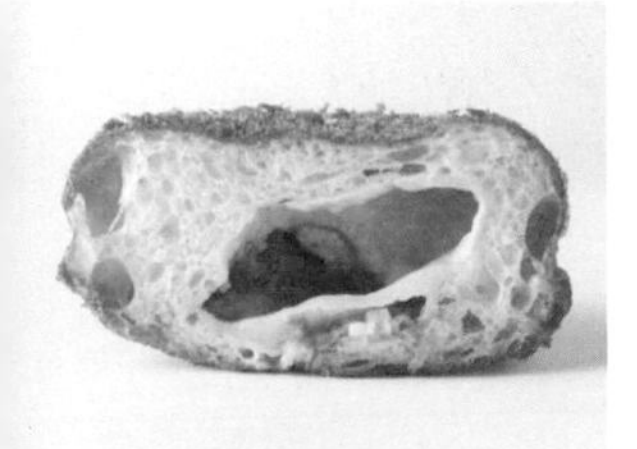

D. 青蔥卡門貝爾乳酪麵包（左圖下）

不僅有著濃稠的卡門貝爾乳酪、柔軟青翠的青蔥、滑順可口的脆皮吐司麵糰，還有覆蓋在麵包上酥脆的麵包粉。是一款希望客人能趁熱享用，並仔細品嘗美妙口感的麵包。

A.早安麵包

運用穀麥的魅力，烘烤出獨特的口感

〈材料〉1個份

脆皮吐司麵糰（P.70起／一次發酵・翻麵後，分切為60g並滾圓，置於室溫下20分鐘的麵糰）……60g
有機穀麥*……18g
烘烤核桃……18g
紅糖……適量

*內含小麥片、裸麥片、燕麥片、大麥片、葵花子、杏仁、葡萄乾、無花果乾、椰棗乾及草莓乾。

〈製程〉

▼ 成形
▼ 最後發酵（30℃・濕度70%的發酵箱・1小時）
▼ 裝飾・烘烤（蒸氣1次 ▶ 以上火265℃・下火225℃烘烤12分鐘）

Check 1 成形

將脆皮吐司麵糰以手掌壓平，再包入有機穀麥與烘烤過的核桃各8g，並以擀麵棍擀成直徑約10cm的圓形。接著將麵糰並列於烤盤上，再放上烘烤過的核桃10g與不含水果乾的有機穀麥10g，並以噴霧器噴水固定。

Check 2 裝飾・烘烤

最後發酵後，在麵包表面的有機穀麥上灑上適量紅糖，並以噴霧器噴水固定，接著進爐烘烤即完成。

大量地撒上紅糖，份量要能稍微蓋過有機穀麥。

B.德國風味亞麻子培根麵包

利用培根和酸菜的酸味，讓人開心享受德國風味

〈材料〉1個份

脆皮吐司麵糰（P.70起／一次發酵・翻麵後，分切為60g並滾圓，置於室溫下20分鐘的麵糰）……60g
德國酸菜……15g
培根（1cm四角形×長15cm）……20g
烘烤亞麻子……適量

〈製程〉

▼ 成形
▼ 最後發酵（30℃・濕度70%的發酵箱・1小時）
▼ 烘烤（蒸氣1次 ▶ 以上火265℃・下火225℃烘烤12分）

Check 1 成形

將脆皮吐司麵糰以手掌壓平，並包入德國酸菜與培根後，再調整為棒狀。接著以噴霧器噴上水，使烘烤過的亞麻子能貼附在麵包表層。

將麵糰調整為橢圓形後，再放上德國酸菜。
▼
放上培根後捲起，並於表層撒上烘烤過的亞麻子。

C.荷蘭麵包（中央下方）

摺入擁有濃厚風味的高達乳酪與漬橙皮

〈材料〉8個份

脆皮吐司麵糰（P.70起／攪拌後取出1kg的麵糰） ………… 1kg
漬橙皮（P.8） ………… 150g
高達乳酪（切丁狀） ………… 150g

〈製程〉

▼ 一次發酵・摺入餡料・翻麵（室溫・30分鐘 ▶ 翻麵 ▶ 摺入餡料 ▶ 室溫・30分鐘 ▶ 翻麵 ▶ 室溫・30分鐘）
▼ 分割・成形（150g・正方形）
▼ 最後發酵（30℃・濕度70%的發酵箱・1小時）
▼ 烘烤（割1道刀痕 ▶ 蒸氣1次・以上火225℃・下火220℃烘烤15分鐘）

Check 1　一次發酵・摺入餡料・翻麵

將攪拌過後的脆皮吐司麵糰取出1kg，移入麵包箱中，靜置於室溫下30分鐘，以手掌壓擠（翻麵）。摺入漬橙皮與高達乳酪後，靜置於室溫下30分鐘，接著以同樣手法進行翻麵，並再度靜置於室溫下30分鐘。

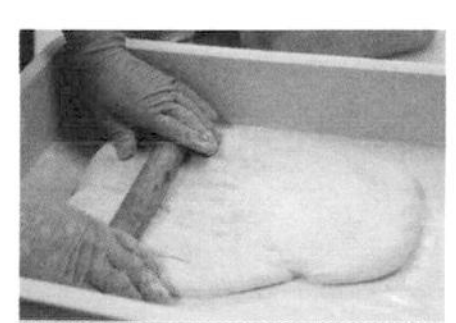

將麵糰以手掌壓平後，利用擀麵棍擀成厚度均一的長方形，並摺入餡料。

▶

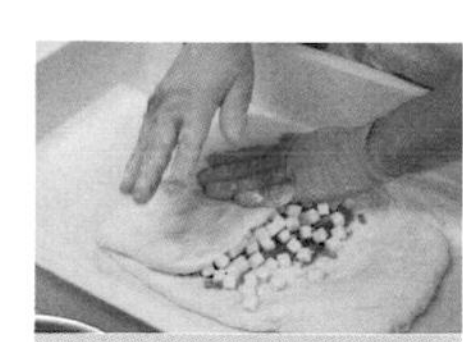

將餡料分2次加入（每次使用一半的份量）。將餡料置於麵糰中央，從左右開始摺3摺。

▼

於最後的翻麵後，將麵糰往內捲起，封口向下放置。

D.青蔥卡門貝爾乳酪麵包

青蔥及起司的風味非常適合圓滾滾的炸麵糰

〈材料〉1個份

脆皮吐司麵糰（P.70起／一次發酵・翻麵後，分切為60g並滾圓，置於室溫下20分鐘的麵糰） ………… 60g
卡門貝爾乳酪 ………… 25g
青蔥（切小段） ………… 5g
麵包粉 ………… 適量
菜籽油 ………… 適量

〈製程〉

▼ 成形
▼ 最後發酵（30℃・濕度70%的發酵箱・1小時）
▼ 油炸（以200℃的菜籽油兩面各炸5分30秒）

Check 1　成形

將脆皮吐司麵糰以手掌壓平，包入卡門貝爾乳酪與青蔥，再調整成圓形，接著於表層灑上麵包粉。

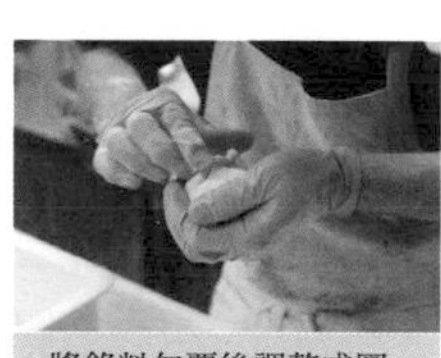

將餡料包覆後調整成圓形，再將麵糰的邊緣集中於一點並捏緊。

▼

以噴霧器噴上水，並於表層撒上麵包粉。

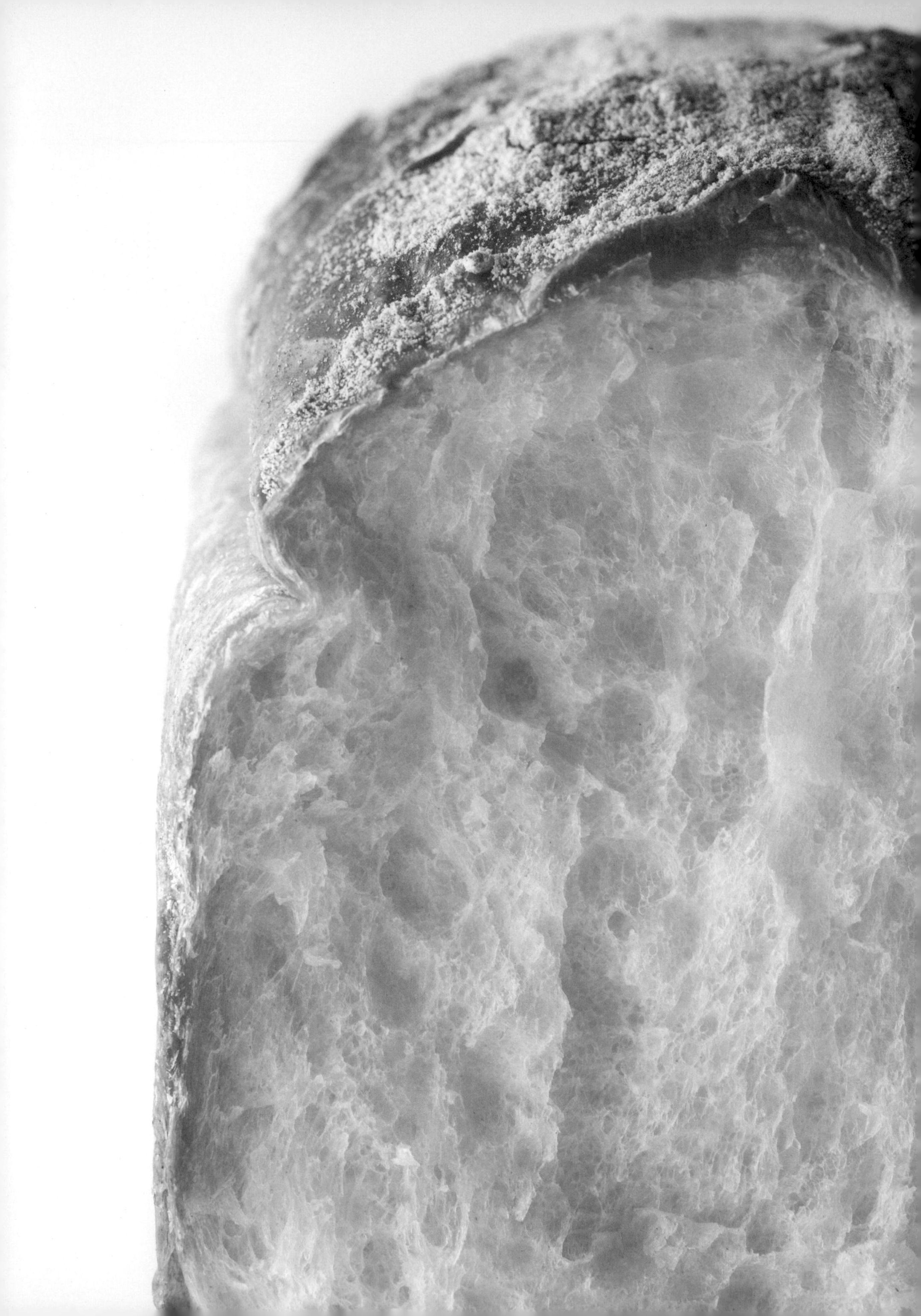

鄉村風山形吐司

— 基本麵糰 —

在石臼研磨麵粉與裸麥全粒麵粉中加入熱水攪拌，並靜置一至兩晚後，再加入主麵糰，這樣的手法可以烘烤出Q彈且入口即化的吐司。麵粉主要使用高筋麵粉。由於是可確實地打出麵筋，且結塊迅速的麵糰，所以在攪拌過程的後半段皆以高速進行，直至攪拌到可以拉出紋理細緻、滑順的麵膜。雖然有加入少量的魯邦種，但與其說是為了增添風味，不如說目標在於促進麵糰的熟成。魯邦種的乳酸與醋酸，不僅可以降低麵糰的pH值，增強促使麵糰熟成的力量，還能作出品嘗時不會帶有麵粉味且口感滑順的麵糰。

鄉村風山形吐司
〈基本麵糰〉

〈材料〉麵粉需求10kg

［前置處理］

石臼研磨高筋麵粉「GRISTMILL」…1.5kg／15%
裸麥全粒麵粉「特麒麟」…500g／5%
熱水…2kg／20%

［主麵糰］

高筋麵粉「BILLION」…8kg／80%
前置處理後的麵糰…上列全部份量
新鮮酵母…170g／1.7%
魯邦種（P.7）…500g／5%
上白糖…300g／3%
鹽…205g／2.05%
麥芽精…20g／0.2%
維他命C（1%水溶液）…10g／0.1%
前一日的鄉村風山形吐司麵糰*…5kg／50%
水A…7kg／70%
水B…2kg／20%
豬油…200g／2%

*前一日攪拌完成時預先留下，置於0°C的冰箱內一晚以上的主麵糰。首次製作時，請依以下方式準備：將主麵糰材料中除了「前一日的鄉村風山形吐司麵糰」的材料，以與主麵糰相同的烘焙百分比與方式進行攪拌，置於室溫下1小時後，放入0°C的冰箱內一晚以上，隔天便可作為「前一日的鄉村風山形吐司麵糰」使用。

〈製程〉

▼ 前置處理
直立式攪拌器・低速攪拌3分鐘 ▸ 高速攪拌2分鐘
▸ 攪拌完成時溫度為65℃ ▸ 0℃・1晚以上

▼ 主麵糰的攪拌
將水B和豬油之外的材料全部放入攪拌盆內
▸ 以螺旋攪拌器・低速攪拌10分鐘
▸ 高速攪拌2分鐘
▸ 一邊加水（水B），一邊以高速攪拌1分鐘
▸ 高速3分鐘 ▸ 放入豬油 ▸ 高速攪拌1分鐘
▸ 攪拌完成時溫度為22℃

▼ 一次發酵・翻麵
室溫・30分鐘 ▸ 翻麵 ▸ 室溫・1小時

▼ 分割・滾圓
400g×2個

▼ 中間發酵
室溫・30分鐘

▼ 成形
圓形×2個・12cm×25.5cm×高12cm的吐司模型

▼ 最後發酵
30℃・濕度70%的發酵箱・1小時30分鐘

▼ 烘烤
以上火193℃・下火260℃烘烤47分鐘

〈作法〉

前置處理

1 將材料全放入攪拌盆內，並使用直立式攪拌器以低速攪拌3分鐘、高速攪拌2分鐘。攪拌完成時的溫度是65℃。之後將其放入0℃的冰箱內靜置1晚以上。

主麵糰的攪拌

2 將水B和豬油之外的材料全部放入攪拌盆內，使用螺旋攪拌器以低速攪拌10分鐘，再切換至高速攪拌2分鐘。攪拌至麵糰出現光澤與黏性後，一邊少量多次地加入水B，一邊以高速攪拌1分鐘。待水加完後，保持高速繼續攪拌3分鐘。待麵糰結成一塊後，再加入豬油，並一邊以刮板將麵糰往攪拌鉤處集中，一邊以高速攪拌1分鐘，待麵糰呈現彷彿要黏著在攪拌鉤上的狀態時即完成。攪拌完成的溫度為22℃。

低速攪拌10分鐘、高速攪拌2分鐘後，麵糰就會開始結塊，並出現光澤，此時要開始加水。
▼

加入的水滲入麵糰後，麵糰會形成如圖的狀態。待麵糰呈現光澤結塊狀後，即可投入豬油。
▼

若能在黏稠的狀態下拉開薄膜，即代表攪拌完成。

一次發酵・翻麵

3　將麵糰移入麵包箱後，置於室溫下30分鐘。接著進行翻麵，並再次置於室溫下1小時。

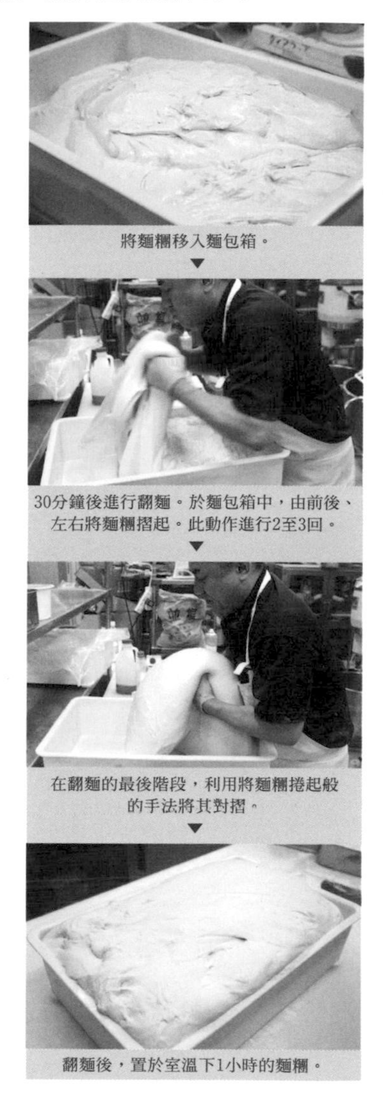
將麵糰移入麵包箱。▼
30分鐘後進行翻麵。於麵包箱中，由前後、左右將麵糰摺起。此動作進行2至3回。▼
在翻麵的最後階段，利用將麵糰捲起般的手法將其對摺。▼
翻麵後，置於室溫下1小時的麵糰。

分割・滾圓

4　將麵糰分切成400g並滾圓。

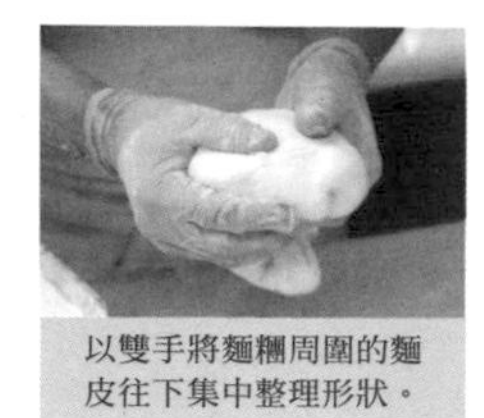
以雙手將麵糰周圍的麵皮往下集中整理形狀。

中間發酵

5　置於室溫下30分鐘。

成形

6　一邊滾動麵糰，一邊將麵糰周圍的麵皮往下拉，讓表層膨起。接著將形狀調整成圓形，且開口朝下地將兩個麵糰並排放入12cm×25.5cm×高12cm的吐司模型中。

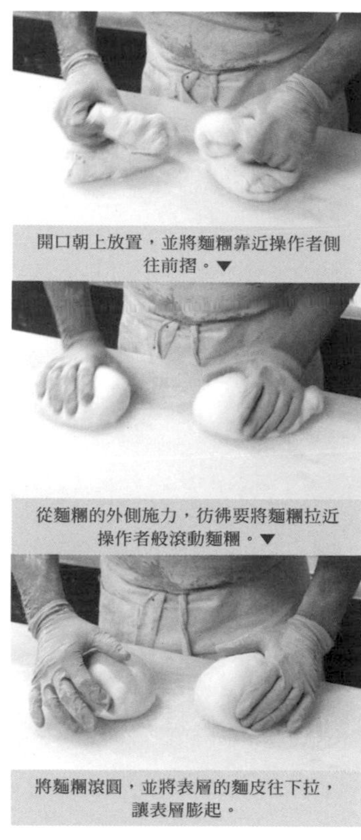
開口朝上放置，並將麵糰靠近操作者側往前摺。▼
從麵糰的外側施力，彷彿要將麵糰拉近操作者般滾動麵糰。▼
將麵糰滾圓，並將表層的麵皮往下拉，讓表層膨起。

最後發酵

7　放入30℃・濕度70℃的發酵箱內，靜置1小時30分鐘使其發酵。

最後發酵前的麵糰。▼
最後發酵後的麵糰。

烘烤

8　在麵包表層撒上裸麥粉（適量・份量外）後，再放入烤箱中，以上火193℃・下火260℃烘烤47分鐘完成。出爐後將模型往檯面輕叩，即可將麵包脫模。

鄉村風山形吐司〈變化款〉

A. 醬油奶油捲（左圖上・右上）

不將奶油揉入麵糰，而是包裹於內，並淋上醬油，再進爐烘烤。麵包內部滲入融化的奶油，形成入口即化的美味，再加上外層烤焦的醬油所散發出的焦香味及酥脆口感，兩者搭配之下，打造出鮮明且迷人的對比風情。

B. 柚子胡椒馬鈴薯麵包（左圖右下×2）

餡料為放入柚子胡椒的奶油與馬鈴薯。以麵糰確實地包裹住餡料，再進爐烘烤，保持了柚子胡椒的完整香氣。剝開麵包的瞬間，濃郁的柚子胡椒香氣即由內向外竄出，並往四周蔓延。

C. 岩鹽麵包（左圖左×2）

作成圓形或熱狗麵包的形狀烘烤後，麵包體會顯得濕潤且入口即化，外皮則充滿了焦香味，形成口感層次分明的餐包。在表層撒上岩鹽，不僅可襯托出麵糰的甘甜味，還凸顯出這款麵包的鮮味。

D. 一休麵包（左圖中央）

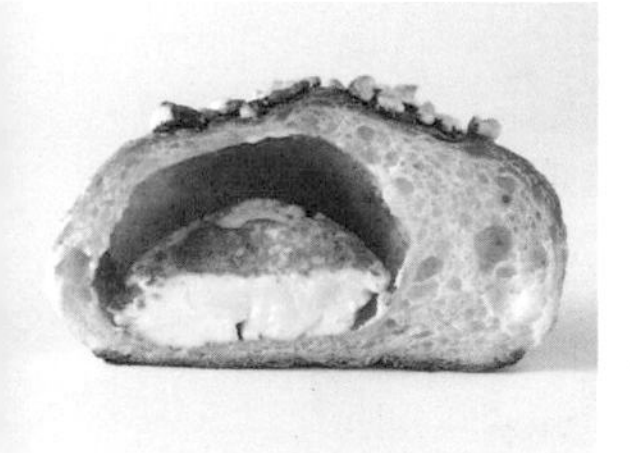

在帶有柔和酸味的奶油起司上，灑上辛辣刺激的山椒粉，以麵糰包覆並滾成圓形，接著撒上米粒烘烤而成的米香，再淋上醬油後，放入烤箱烘烤即完成。烤焦的米香所特有的焦香味與口感，可帶出麵糰本身自然的甜味。

A.醬油奶油捲

包入奶油，
並淋上醬油

〈材料〉1個份

鄉村風山形吐司麵糰（P.78起／一次發酵．翻麵後，分切成50g並滾圓，置於室溫下30分鐘的麵糰）……50g
奶油……12g
醬油……1／3大匙

〈製程〉

▼ 成形
▼ 最後發酵（30℃．濕度70％的發酵箱．45分鐘）
▼ 烘烤（蒸氣1次．以上火265℃．下火225℃烘烤12分鐘）

Check 1 成形

將鄉村風山形吐司麵糰以手掌壓平後包入奶油，並於中央作一凹槽，再淋上醬油。

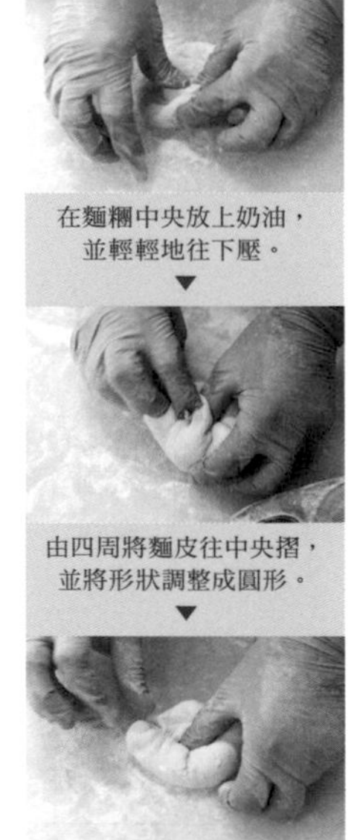

在麵糰中央放上奶油，並輕輕地往下壓。
▼
由四周將麵皮往中央摺，並將形狀調整成圓形。
▼
在麵糰中央以拇指往下壓，作出一凹槽後淋上醬油。

B.柚子胡椒馬鈴薯麵包

利用馬鈴薯與奶油包裹住
柚子胡椒的香氣

〈材料〉1個份

鄉村風山形吐司麵糰（P.78起／一次發酵．翻麵後，分切成60g並滾圓，置於室溫下30分鐘的麵糰）……60g
馬鈴薯*1……40g
柚子胡椒奶油*2……8g
岩鹽……適量

*1 將帶皮馬鈴薯放入灑有適量鹽巴的熱水中，煮軟後剝皮壓碎。
*2 在奶油450g（容易製作的份量，以下皆相同）裡加入柚子胡椒90g，攪拌混合均勻。

〈製程〉

▼ 成形
▼ 最後發酵（30℃．濕度70％的發酵箱．1小時）
▼ 裝飾．烘烤（蒸氣1次．以上火265℃．下火225℃烘烤15分鐘）

Check 1 成形、裝飾

將鄉村風山形吐司麵糰以手掌壓平，包入馬鈴薯與柚子胡椒奶油。最後發酵後，以噴霧器將水噴在表層，接著撒上岩鹽進爐烘烤完成。

將內餡放在麵糰中央，再將四周的麵皮往中央集中，並捏緊封口。
▼
最終發酵後，將麵糰開口朝上，並排放置於烤盤中，並撒上岩鹽。

C.岩鹽麵包

撒上適量岩鹽，完成美味的餐包

〈材料〉1個份

鄉村風山形吐司麵糰（P.78起／一次發酵．翻麵後，分切成100g並滾圓，置於室溫下30分鐘的麵糰）……100g
岩鹽……適量

〈製程〉

▼ 成形
▼ 最後發酵（30℃・濕度70%的發酵箱・50分鐘）
▼ 裝飾・烘烤（撒上岩鹽 蒸氣1次・以上火265℃・下火225℃烘烤12分鐘）

Check 1 成形

將鄉村風山形吐司麵糰以手掌壓平後，調整為熱狗麵包狀或圓形。熱狗麵包狀是將壓平後的麵糰對摺，再前後滾動成細長狀。圓形則是一邊滾動麵糰，一邊將麵糰周圍的麵皮往下拉，讓表層膨起。

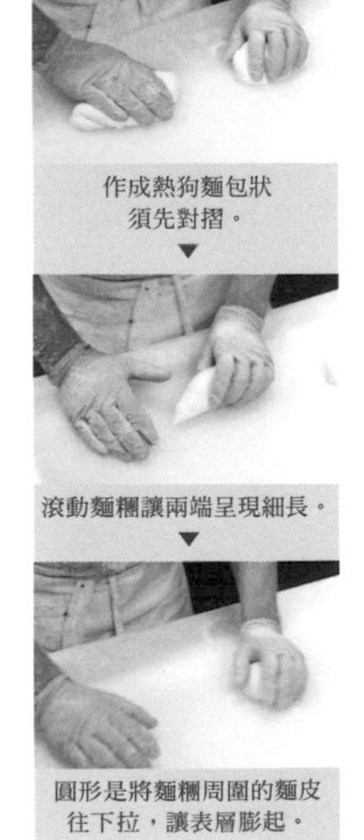

作成熱狗麵包狀須先對摺。

▼

滾動麵糰讓兩端呈現細長。

▼

圓形是將麵糰周圍的麵皮往下拉，讓表層膨起。

D.一休麵包

奶油起司×大量山椒，帶來味覺的衝擊感

〈材料〉1個份

鄉村風山形吐司的麵糰（P.78起／一次發酵．翻麵後，分切成50g並滾圓，置於室溫下30分鐘的麵糰）……50g
奶油起司*……25g
山椒粉*……適量
米香……適量
醬油……少量
*將奶油起司滾成球狀，並於表面灑滿山椒粉備用。

〈製程〉

▼ 成形
▼ 最後發酵（30℃・濕度70%的發酵箱・1小時）
▼ 烘烤（蒸氣1次・以上火265℃・下火225℃烘烤12分鐘）

Check 1 成形

將鄉村風山形吐司麵糰以手掌壓平後，包入灑滿山椒粉的奶油起司。以噴霧器將水噴在表層，並撒上米香，接著淋上少量醬油。

全麥麵包

— 基本麵糰 —

這是一款從小孩子到老年人都可以毫無負擔吃完的麵包。全麥粉的份量占整體麵粉的30%，由於前一天已先作過前置熱處理，所以抑制了麵粉內多餘的雜味。特地使用魯邦種降低麵糰的pH值，讓麵糰更容易被運用。雖然加入全麥粉，但卻不會讓人覺得滋味粗糙繁雜，反而呈現濕潤且入口即化的口感，這全都是加水率為100%的緣故。在攪拌主麵糰時，一開始先加入全部水量的70%，以低速確實攪拌至結塊，接著再將剩下的30%以少量多次的方式加入。攪拌完成時的理想麵糰必須飽含大量水分，且確實結塊並充滿彈性。若攪拌完成時，麵糰呈現軟趴趴的狀態，就會削弱麵包的風味。

全麥麵包
〈基本麵糰〉

〈材料〉 麵粉需求5kg

[前置處理]

全麥麵粉「北國之香T110」	1.5kg / 30%
熱水	1.5kg / 30%

[主麵糰]

前置處理後的麵糰	上列全部份量
高筋麵粉「BILLION」	3.5kg / 70%
鹽	100g / 2%
麥芽精	10g / 0.2%
維他命C（1%水溶液）	5g / 0.1%
半乾酵母	12.5g / 0.25%
魯邦種（P.7）	250g / 5%
水	3.5kg / 70%

〈製程〉

▼ 前置處理
以直立式攪拌器・高速攪拌至麵粉完全吸收水分 ▶ 攪拌完成時的溫度為65℃ ▶ 1℃・1晚以上

▼ 主麵糰的攪拌
將70%的水和其他材料全部放入攪拌盆內 ▶ 以螺旋攪拌器・低速攪拌10分鐘 ▶ 高速攪拌3分鐘 ▶ 一邊加水（材料中水的30%），一邊以高速攪拌5至6分鐘 ▶ 高速攪拌1分鐘 ▶ 攪拌完成時的溫度為22℃至23℃

▼ 一次發酵・翻麵
室溫・20分鐘 ▶ 翻麵 ▶ 室溫・20分鐘 ▶ 翻麵 ▶ 0℃・1至2晚

▼ 分割・滾圓
250g

▼ 復溫・成形
圓形

▼ 最後發酵
30℃・濕度75%的發酵箱・1小時30分鐘

▼ 烘烤
割上十字型刀痕 ▶ 放入以上火260℃・下火240℃預熱的烤箱 ▶ 以上火240℃・下火225℃烘烤25分鐘

〈作法〉

前置處理

1 將材料全放入攪拌盆內，使用直立式攪拌器以高速攪拌。待麵粉吸飽水分後，即表示攪拌完成。攪拌完成時的溫度為65℃。爾後放入1℃的冰箱內靜置1晚以上。

主麵糰的攪拌

2 將70%的水和其他材料全部放入攪拌盆內，使用螺旋攪拌器以低速攪拌10分鐘，讓麵粉與水分慢慢結為一體。待麵糰彷彿要黏著於攪拌鉤上時，轉高速攪拌3分鐘，接著一邊將剩餘的水少量多次加入，一邊以高速攪拌5至6分鐘。最後繼續以高速攪拌1分鐘。攪拌完成時的溫度為22℃至23℃。

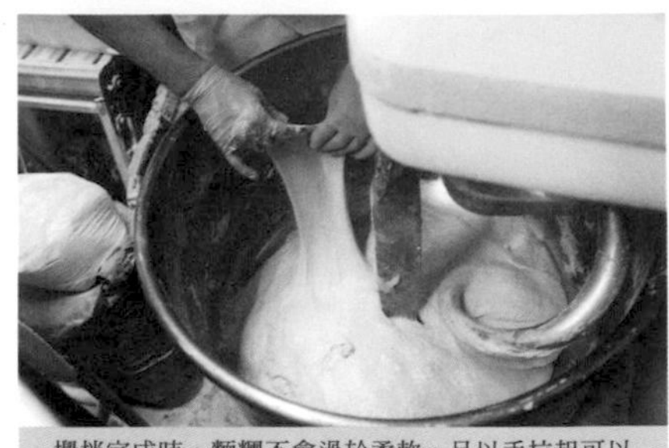

攪拌完成時，麵糰不會過於柔軟，且以手拉起可以拉出有厚度的麵膜。

▼

移入麵包箱。

一次發酵・翻麵

3 將麵糰置於室溫下20分鐘後進行翻麵，重複此動作兩次，之後置於0℃的冰箱靜置冷藏1晚至2晚。

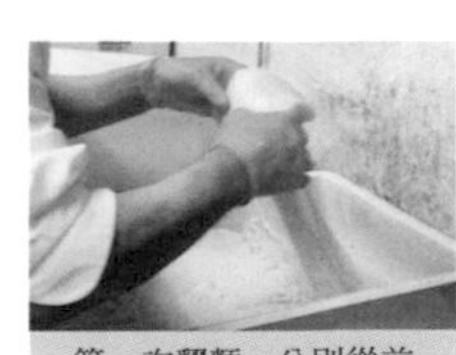

第一次翻麵。分別從前後、左右將麵糰往內摺。

▼

第二次翻麵。彷彿要將麵糰捲起來般對摺。

▼

進行二次翻麵後的麵糰。呈現膨脹有彈力的狀態。

分割・滾圓

4　將麵糰分切為每個250g。由於是很柔軟的麵糰，所以滾圓時手法要輕柔。

復溫・成形

5　將麵糰置於室溫中，直到麵糰中心的溫度恢復至17℃至18℃為止。爾後快速地將麵糰成形。

復溫後的麵糰變得更柔軟且容易散開。
▼

一把抓起麵糰。
▼

快速地滾圓並排列於發酵布上。
▼

麵糰雖然柔軟但仍具有彈性，因此不會持續往兩側擴散。

最後發酵

6　放入30℃・濕度75℃的發酵箱內，靜置1小時30分鐘發酵。

最後發酵後的麵糰。
▼

移至進爐承板上。

烘烤

7　在麵包表層割上十字刀痕，放入以上火260℃・下火240℃預熱的烤箱。接著將烤箱溫度調低為上火240℃・下火225℃，烘烤25分鐘即完成。

在麵包表層割上十字刀痕。

全麥麵包〈變化款〉

A. 全麥山形吐司（左圖上）

若將麵糰塞入稍小的模型中烘烤，可使麵糰處於悶烤的狀態，並凝縮麵糰的風味。由於麵包體的氣孔被擠壓，所以口感上也會變得很有彈性。將模型上蓋上蓋子，確實烤透，作成四角吐司也很美味喔！

B. 全麥紅豆多拿滋（左圖右下）

使用全麥麵糰製作的炸紅豆麵包。全麥麵糰經過油炸後，口感會變得柔嫩Q軟且具有彈性。此外，麵包內側還會充滿全麥麵粉的香氣。

C. 全麥格雷派餅（左圖左下）

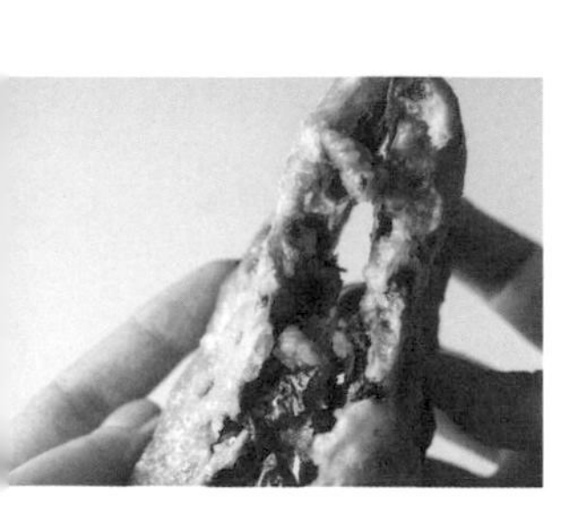

將幾乎與麵糰同等份量的蔓越莓乾、烘焙巧克力豆與核桃等配料包裹於內後，以擀麵棍將麵糰擀成薄皮狀，再進爐烘烤。內餡的油脂及烘烤前才放置的奶油，在烘烤過程中會蔓延至整個麵糰，烤出酥脆的口感。

A. 全麥山形吐司

放入小型的吐司模型內蒸烤

〈材料〉1個份

全麥麵包麵糰（P.86起／一次發酵・翻麵後，分切為150g並滾圓，復溫後的麵糰・2個）……共300g

〈製程〉

▼ 成形

▼ 最後發酵
（30℃・濕度75%的發酵箱・1小時20分鐘）

▼ 烘烤
（蒸氣1次・以上火190℃・下火268℃烘烤25分鐘）

Check 1 成形

在復溫後的全麥麵包麵糰上撒上大量的高筋麵粉（適量・份量外）並滾圓，將相同的2個麵糰放入8.2cm×18.5cm×高8cm的吐司模型內。

Check 2 最後發酵

在30℃・濕度75%的發酵箱內靜置1小時20分鐘發酵。

最後發酵後的麵糰。

B. 全麥紅豆多拿滋

油炸後口感如同麻糬的紅豆多拿滋

〈材料〉1個份

全麥麵包麵糰（P.86起／一次發酵・翻麵後，分切為60g並滾圓，復溫後的麵糰）……60g
紅豆粒餡……50g
菜籽油……適量

〈製程〉

▼ 成形

▼ 最後發酵（30℃・濕度75%的發酵箱・1小時）

▼ 油炸（200℃的菜籽油表裡兩面各炸4分鐘）

Check 1 成形

將復溫後的全麥麵包麵糰以手掌輕輕地壓平，並依麵糰60g對紅豆內餡50g的比例，將紅豆粒餡包裹於內。

放上紅豆內餡並包裹。

並排放置在撒上杜蘭小麥粉（適量・份量外）的發酵布上。

C. 全麥格雷派餅

內餡的油脂
布滿整個麵糰表層

〈材料〉1個份

全麥麵包麵糰（P.86起／一次發酵・翻麵後，分切為60g並滾圓，復溫後的麵糰）	60 g
烘焙巧克力豆	15 g
蔓越莓乾	15 g
烘烤核桃	20 g
含鹽奶油	5 g
細砂糖	2小撮

〈製程〉

▼ 成形

▼ 最後發酵
（30℃・濕度75％的發酵箱・30至40分鐘）

▼ 裝飾・烘烤
（以上火265℃・下火230℃烘烤11至12分鐘）

Check 1 成形

在復溫後的全麥麵包麵糰上放上烘焙巧克力豆、蔓越莓乾及烤過的核桃。

以麵糰將內餡包裹後，再使用擀麵棍擀平。

▼

在麵糰的一面噴上水後，灑滿烘焙巧克力豆，並輕輕往下壓，使巧克力豆附著在麵糰上。

▼

以麵糰將內餡包裹後，再使用擀麵棍擀平。

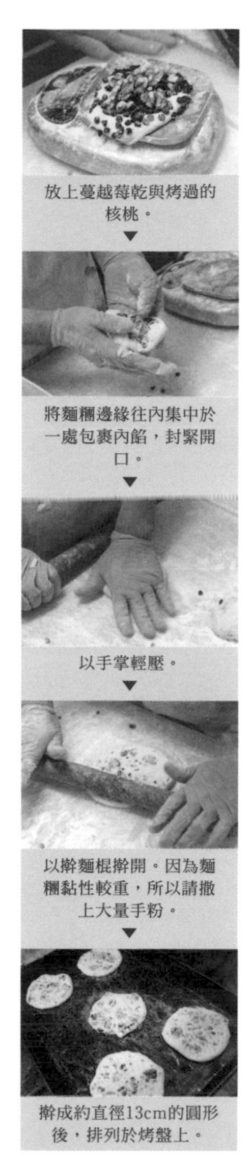

放上蔓越莓乾與烤過的核桃。

▼

將麵糰邊緣往內集中於一處包裹內餡，封緊開口。

▼

以手掌輕壓。

▼

以擀麵棍擀開。因為麵糰黏性較重，所以請撒上大量手粉。

▼

擀成約直徑13cm的圓形後，排列於烤盤上。

Check 2 裝飾・烘烤

於麵糰表層放上含鹽奶油，再撒上細砂糖後，進爐烘烤即完成。

最後發酵後的麵糰。

▼

放上含鹽奶油，並撒上細砂糖。

麵糰的無限可能性

たま木亭在開發商品時，最重視的是製作出「好吃的主食麵包」。不刻意嘩眾取寵，樸實又自然的麵包是たま木亭的強項。兩次自解法棍子麵包、鄉村麵包、鄉村風山形吐司等，店內櫥窗總是擺滿了各種樣貌的麵包。也許這種想法確實地傳遞給了來購買麵包的客人們，絕大多數的客人在購買主食麵包的同時，總會順手購入店內其他與各式各樣食材結合的麵包，他們的支持讓我十分感謝。因此不只是主食麵包，我們也大量開發可以享受麵糰搭配食材之美味的麵包。但想要作出這種可以結合各式食材的麵包，我認為最重要的關鍵就在於麵糰本身。它必須具有一定的存在感，才能搭配讓人留下深刻印象的食材，且能讓彼此顯得更為出色。

只要能作出出色的基本麵糰，可用來搭配的食材範圍就能無限擴大。如果只重視麵包的外表，美味就會缺乏層次，所以絕對不能偷懶減少必要的製作過程。只要將麵糰乘上二至三個元素，就能打造出頗富趣味的麵包，這也是我開發新麵包的基本概念。

將麵糰搭配各式食材，製作出絕無僅有的美味麵包。 ※精選自たま木亭商品

〈使用方型吐司麵糰〉

麻糬明太子麵包
以吐司麵糰將明太子、白玉麻糬麻糬、奶油起司包覆於內，於外層撒上小米果後，即可進爐烘烤。

比利時巧克力米香奶油麵包
將巧克力與核桃揉入吐司麵糰裡，並於表層放上米香。待出爐後，再夾入卡士達鮮奶油醬。

藍莓長崎起司麵包
在混有藍莓的吐司麵糰內包入長崎蛋糕，並進爐烘烤。出爐後，讓麵包吸收足夠的蘭姆糖漿，再夾入奶油起司。

〈使用全麥麵包麵糰〉

培根乳酪雙重奏
將全麥麵糰薄薄一層地覆蓋在培根和兩種乳酪上，烤出酥脆的口感。由於大量的乳酪油脂布滿整個麵包，食用時可享受到煎烤般的口感。

〈使用奶油酥麵糰〉

木乃伊捲
將烤好的鄉村麵包浸入蘭姆糖漿後，再夾入蜜黑豆與杏仁奶油。接著以奶油酥麵糰捲起包覆，並進爐烘烤。

香蕉奶油酥
在擀平的奶油酥麵糰上，放上香蕉切片，並進爐烘烤。從麵糰中融化溢出的奶油，彷彿將香蕉切片裹上一層焦糖，也形成香酥清脆的口感。

脆皮黑糖蜜蘋果麵包
將奶油酥麵糰切成小塊、與核桃混合後，塞入模型中烘烤。接著放上以蜂蜜、奶油、黑糖煮過的蘋果後，再次進爐烘烤。

〈使用可頌麵糰〉

たま木亭可頌
在可頌麵糰上貼附薄薄一層鄉村麵包麵糰，並作成可頌狀，可打造酥脆的口感。

¥190
パンシュー
¥220

全麥蜂蜜馬鈴薯麵包

— 基本麵糰 —

由於加入了20%馬鈴薯泥，所以可以作出入口即化，且長時間保持濕潤感的麵糰。為了增添風味而特地加入的全麥麵粉，會於前一天以熱水攪拌，讓水分完全浸透麵糰，如此才能使口感變得更為滑順。在攪拌主麵糰時，將馬鈴薯泥分2次加入，以適當地保留馬鈴薯的鬆軟感。雖然為了保濕與增添風味而加入約10%的蜂蜜，但甜味卻不會過度突出，所以很適合搭配各式料理一同食用。不管是作成甜麵包或鹹麵包，都能打造出獨特的迷人風味，是一款極具魅力的麵包。

全麥蜂蜜馬鈴薯麵包
〈基本麵糰〉

〈材料〉麵粉需求5kg

［前置處理］

全麥麵粉「北國之香T110」	500g	10%
熱水	1kg	20%

［主麵糰］

A	百合花法國麵包用粉「LYS D'OR」	2kg	40%
A	高筋麵粉「BILLION」	2.5kg	50%
A	新鮮酵母	150g	3%
A	馬鈴薯泥*	500g	10%
A	蜂蜜	500g	10%
A	前置處理後的麵糰	上列全部份量	
A	鹽	75g	1.5%
A	水A	2.5kg	50%
	水B	250g	5%
	奶油	500g	10%
	馬鈴薯泥B*	500g	10%

*帶皮入鍋煮至柔軟後，再剝掉外皮壓碎成泥。

〈製程〉

▼ 前置處理

以螺旋攪拌器・低速攪拌3分鐘 ▶
攪拌完成時的溫度為65℃ ▶ 0℃・1晚以上

▼ 主麵糰的攪拌

將A料全部放入攪拌盆內
▶ 以螺旋攪拌器・低速攪拌2分30秒
▶ 高速攪拌9分鐘
▶ 一邊分次加水（水B），一邊以高速攪拌20秒
▶ 高速攪拌30秒至40秒
▶ 放入奶油 ▶ 高速攪拌1分鐘 ▶ 放入馬鈴薯泥B
▶ 低速攪拌40秒 ▶ 攪拌完成時的溫度為24℃

▼ 延續發酵

室溫・1小時 ▶ 1℃・10分鐘

▼ 分割・滾圓

50g

▼ 中間發酵

－1℃・20分鐘

▼ 成形

丸形

▼ 最後發酵

30℃・濕度70%的發酵箱・1小時

▼ 烘烤

蒸氣1次・以上火260℃・下火225℃烘烤9分鐘

〈作法〉

前置處理

1 將材料全部放入攪拌盆內，使用螺旋攪拌器以低度攪拌3分鐘。攪拌完成時的溫度為65℃。爾後放入0℃的冰箱內靜置冷卻1晚以上。

放置1晚後的麵糰。

主麵糰的攪拌

2 將A料全部放入攪拌盆內，使用螺旋攪拌機以低速攪拌2分30秒。待全體融合後，再以高速攪拌9分鐘。等到麵糰出現光澤感後，一邊少量多次加入水B，一邊以高速攪拌約20秒。當水B全部加入攪拌盆內後，繼續以高速攪拌30至40秒，待水分融入麵糰後，再加入奶油，並持續以高速攪拌1分鐘。等到麵糰變得滑順後，加入馬鈴薯泥B，再以低速攪拌40秒。攪拌完成時的溫度為24℃。

以手將馬鈴薯泥揉碎備用。

待材料融為一體，並出現光澤感時，一邊以高速攪拌，一邊加水。

加完水後，放入奶油。

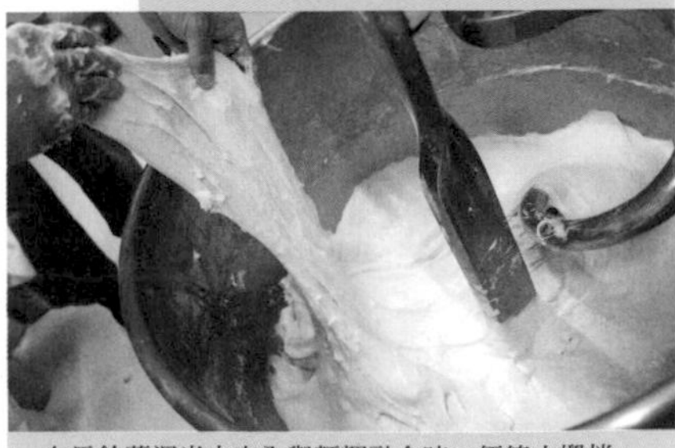

在馬鈴薯泥尚未完全與麵糰融合時，便停止攪拌，可以保留馬鈴薯的口感。

延續發酵

3　將麵糰移至麵包箱後，靜置於室溫下1小時。爾後再將麵糰移到1℃的冰箱靜置10分鐘，讓麵糰變得緊實。

攪拌後的麵糰。

▼

延續發酵後的麵糰。

分割・滾圓

4　將麵糰分切為每個50g，並滾動成圓形。

一邊將麵糰拉向操作者側，一邊滾動，彷彿將麵糰集中到底部般滾圓。

中間發酵

5　將滾圓的麵糰並排放置於鐵盤上，再靜置於-1℃的冰箱20分鐘。

成形

6　一邊將麵糰拉到操作者側，一邊滾動，使表層膨起。

最後發酵

7　將麵糰封口朝下，放置在烤盤中，於30℃・濕度70%的發酵箱內放置1小時。

最後發酵前的麵糰。

▼

最後發酵後的麵糰。

烘烤

8　將麵糰放入上火260℃・下火225℃的烤箱中。開啟1次蒸氣功能，烘烤9分鐘即完成。

全麥蜂蜜馬鈴薯麵包〈變化款〉

A. 乳酪三重奏格雷派餅（左圖上）

以全麥蜂蜜馬鈴薯麵糰將切達乳酪、高達乳酪、藍黴乳酪與萊姆酒漬葡萄乾包裹於內，再以擀麵棍擀平後進爐烘烤。由於麵糰被擀成薄片狀，更加凸顯出濃厚乳酪的存在感。周圍融化溢出的乳酪經過烘烤後變得酥脆，也提升了口感的層次，十分適合搭配紅酒或啤酒喔！

B. 西班牙臘腸麵包（左圖中央左）

將長8cm的辣味西班牙臘腸包裹在全麥蜂蜜馬鈴薯麵糰裡，再以菜籽油炸得香脆可口。若於成形時，滾動麵糰、延展表層並使其膨起，就可以作出帶有完美蓬鬆感的炸麵包。

C. 馬鈴薯克林姆麵包（左圖中央右）

「地瓜和卡士達醬相當搭配，改成馬鈴薯應該也很適合。」抱持著這種想法，包入大量自製的濃厚卡士達醬，而作出的馬鈴薯奶油麵包。

D. 手撕麵包（左圖下）

在麵糰內包入黑巧克力、白巧克力、紅豆、黑巧克力蘭姆葡萄等四種餡料。每種口味各四個，排成四列，一同進爐烘烤而成。是款希望大家可以一起熱熱鬧鬧地享用的「點心麵包」。

A.乳酪三重奏格雷派餅

包裹乳酪和蘭姆葡萄後擀平，鹹甜交錯

〈材料〉1個份

全麥蜂蜜馬鈴薯麵包麵糰（P.96起／延續發酵後，分切成70g並滾圓，置於-1℃冰箱20分鐘的麵糰）…… 70g
切達乳酪（切成丁狀）…… 15g
高達乳酪（切成丁狀）…… 15g
藍黴乳酪（切成丁狀）…… 15g
蘭姆酒漬葡萄乾（P.8）…… 10g

〈製程〉

▼ 成形
▼ 最後發酵（30℃・濕度70％的發酵箱・1小時）
▼ 烘烤
（蒸氣1次・以上火260℃・下火225℃烘烤10分鐘）

Check 1 成形

將全麥蜂蜜馬鈴薯麵糰以手掌壓平，再放上三種類的乳酪與蘭姆酒漬葡萄乾，接著將內餡稍微往下壓後包起，封合開口，再以擀麵棍擀成直徑10cm的圓形。

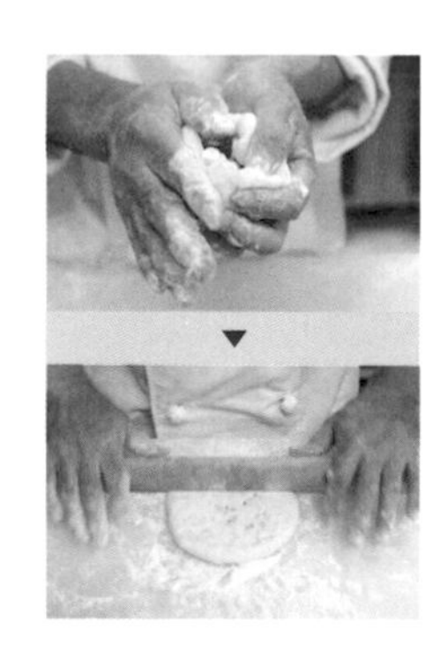

B.西班牙臘腸麵包

包裹後油炸，作出炸熱狗風味的麵包

〈材料〉1個份

全麥蜂蜜馬鈴薯麵包麵糰（P.96起／延續發酵後，分切成70g並滾圓，置於-1℃冰箱20分鐘的麵糰）…… 70g
西班牙臘腸（長8cm）…… 1條
菜籽油 …… 適量

〈製程〉

▼ 成形
▼ 最後發酵（30℃・濕度70％的發酵箱・1小時）
▼ 油炸（以170℃的菜籽油將兩面各炸3分30秒）

Check 1 成形

將全麥蜂蜜馬鈴薯麵糰以手掌壓平，並將西班牙臘腸包裹於內。接著以手滾動麵糰，讓麵糰表層膨起。

C.馬鈴薯克林姆麵包

大量包入卡士達醬

〈材料〉1個份

全麥蜂蜜馬鈴薯麵包麵糰（P.96起／延續發酵後，分割成60g並滾圓，置於-1℃冰箱20分鐘的麵糰） ………………………… 60g

卡士達醬（P.8） ………………………… 60g

〈製程〉

▼ 成形

▼ 最後發酵（30℃・濕度70%的發酵箱・1小時）

▼ 烘烤（蒸氣1次・以上火260℃・下火225℃烘烤11分鐘）

Check 1 成形

將全麥蜂蜜馬鈴薯麵糰以手掌輕輕往下壓，釋放出麵糰內的氣體，再以擀麵棍擀成10cm×12cm的橢圓形。接著於擀平的麵糰上擠上60g的卡士達醬，再對摺將卡士達醬包裹於內，封合開口。

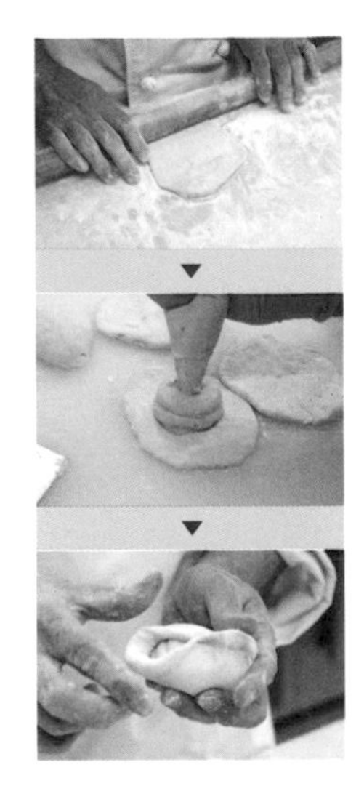

D.手撕麵包

包有不同內餡的麵糰，一個接一個緊密相連

〈材料〉1個份

全麥蜂蜜馬鈴薯麵包麵糰（P.96起／延續發酵後，分割成30g並滾圓，置於-1℃冰箱20分鐘的麵糰・16個） ………………………… 計480g

白巧克力（P.8） ………………………… 28g

黑巧克力（P.8） ………………………… 48g

蘭姆酒漬葡萄乾（P.8） ………………………… 20g

紅豆餡 ………………………… 60g

〈製程〉

▼ 成形

▼ 最後發酵（30℃・濕度70%的發酵箱・1小時）

▼ 烘烤（蒸氣1次・以上火260℃・下火225℃烘烤15分鐘）

Check 1 成形

將全麥蜂蜜馬鈴薯麵糰以手掌壓平，作出包有7g白巧克力的小麵糰4個，並在烤盤上排成一列。接著作出包有15g紅豆餡的小麵糰4個，在包有白巧克力的麵糰旁排成一列。然後作出包有7g黑巧克力的小麵糰4個，在包有紅豆餡的麵糰旁排成一列。最後作出包有5g蘭姆酒漬葡萄乾和5g黑巧克力的小麵糰4個，在包有黑巧克力的麵糰旁排成一列。

包有黑巧克力和葡萄乾的麵糰。

焙茶麵包

— 基本麵糰 —

這款「茶點心麵包」，是與因電視節目而結緣的宇治老舖茶商「中村藤吉本店」聯名開發而成。由於混有大量焙茶粉的麵糰風味過於強烈，若不作處理，麵糰便會出現茶的苦澀味。所以在分割・滾圓之後，需先置於低溫下16至20小時鬆弛，成形後再進爐烘烤。為了增加酥脆清爽的口感，麵糰內加入了將小麥澱粉糊化後製成的糊化麵粉。因糊化麵粉的吸水性、保濕性都很出色，故只需加入約10%，就能作出入口即化、質地柔軟的麵糰。

焙茶麵包〈變化款〉

A. 炸麻糬巧克力麵包（左圖左上）

以焙茶麵糰將巧克力和白玉麻糬麻糬包裹於內，並放入菜籽油中油炸，接著撒上紅糖。這是一款風味濃厚的炸麵包。因分割・滾圓後，再經冷藏熟成的焙茶麵糰不經過復溫，相較容易塑型，所以從0℃的冰箱內取出後，就要立即成形。

B. 奶油起司虎皮麵包（左圖左中）

虎皮麵包是在麵包表層裹上，將上新粉加入新鮮酵母發酵後製成的麵糊。在包有奶油起司的焙茶麵糰表層沾上一層虎皮麵糊，充分乾燥後進爐烘烤，即可完成酥脆焦香，且口感良好的麵包。

C. 焙茶波斯托克麵包（左圖左中）

將焙茶麵糰的形狀調整成雞蛋型，進爐烘烤。出爐後切片，並浸入加有蘭姆酒的糖漿充分吸收，接著放上杏仁奶油與杏仁切片，再度進爐烘烤。這是一款焙茶的香氣與苦澀味與杏仁風味同樣強烈，類似燒菓子的麵包。

D. 焙茶麵包脆餅（左圖右）

將水分確實烤乾的焙茶麵包切成一口大小，再撒上奶油與砂糖，並低溫烘烤。出爐後，酥脆的口感與焙茶的香氣持續在口中蔓延。

A.炸麻糬巧克力麵包

焙茶的苦澀與巧克力的甜美，交織出迷人風味

〈材料〉1個份

焙茶麵糰（P.104起／冷藏熟成後的麵糰）……50g
黑巧克力（P.8）……12g
白玉麻糬……15g
菜籽油……適量
紅糖……適量

〈製程〉

▼ 成形
▼ 最後發酵（室溫・1小時）
▼ 油炸（以200℃的菜籽油將兩面各炸4分30秒）
▼ 裝飾（撒上紅糖）

Check 1 成形

將焙茶麵糰從冰箱中取出後，立即以手掌壓平並調整形狀。接著包裹黑巧克力與白玉麻糬，閉合開口。

Check 2 油炸

以200℃的菜籽油將兩面各炸4分30秒。

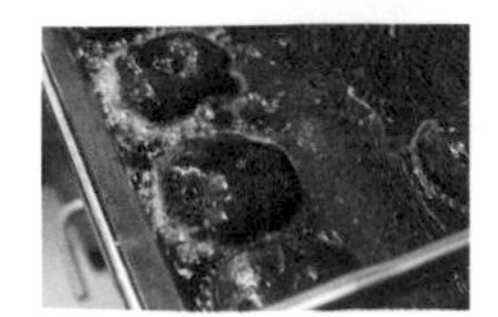

B.奶油起司虎皮麵包

麵包表層的虎皮麵糊，烘烤後帶來酥脆的焦香味

〈材料〉1個份

焙茶麵糰（P.104起／冷藏熟成後的麵糰）……50g
奶油起司……25g
虎皮麵糊*……適量

*將上新粉250g（容易製作的份量，以下皆同）、新鮮酵母9g、上白糖10g、水340g、豬油40g全部攪拌混合，並放置於室溫下2小時發酵。之後移入0℃的冰箱裡冷藏靜置1晚。若是過度發酵，麵糰的顏色將變得難看，因此隔天一定要使用完畢。

〈製程〉

▼ 成形
▼ 最後發酵（室溫・1小時）
▼ 烘烤
（蒸氣1次 上火265℃・下火240℃烘烤15分鐘）

Check 1 成形

將焙茶麵糰從冰箱中取出後，立即以手掌壓平並包入奶油起司，接著沾上一層虎皮麵糊。

抓著麵糰的封口，浸入虎皮麵糊裡。

Check 2 最後發酵

最後發酵時，請一定要讓虎皮麵糊確實乾燥。

C.焙茶波斯托克麵包

二次烘烤帶來了酥脆的口感

〈材料〉8個份

焙茶麵糰（P.104起／主麵糰的攪拌・一次發酵後・分切為300g並滾圓，置於0℃的冰箱冷藏16至20小時後的麵糰・2個）	共600g
蘭姆糖漿（P.8）	適量
杏仁奶油（P.8）	80g
杏仁片	適量

〈製程〉

▼ 成形

▼ 最後發酵（室溫・1小時）

▼ 烘烤1
（以上火265℃・下火240℃烘烤15至16分鐘）

▼ 裝飾

▼ 烘烤2（以180℃的對流恆溫烤箱烘烤20分鐘）

Check 1 成形至烘烤1

將焙茶麵糰從冰箱中取出後，立即調整為雞蛋形。最後發酵後，進行第1次烘烤。

烤出的麵包帶有輕薄的外皮，並且布有適量大小的氣孔。

Check 2 裝飾

將烤好的麵包切開，浸入蘭姆糖漿後並排放置在烤盤中。在麵包上塗上杏仁奶油10g，並放上杏仁切片，最後淋上少量的蘭姆糖漿即完成。

切成厚度2cm左右的厚片。

▼

浸泡在蘭姆糖漿中，以手往下壓，使麵包可以確實地吸收糖漿。

▼

在焙茶麵包中央上塗上杏仁奶油（周圍不塗）。

▼

在杏仁奶油上放上杏仁片後，再淋上糖漿。

D.焙茶麵包脆餅

帶著滿滿奶油香味與酥脆焦香口感的麵包脆餅

〈材料〉麵糰420g分

焙茶麵糰（P.104起／主麵糰的攪拌・一次發酵後・分切為60g並滾圓，置於0℃的冰箱冷藏16至20小時後的麵糰・7個）………共420g
奶油………169g
細砂糖………207g

〈製程〉

▼ 成形
▼ 最後發酵（30℃・濕度70％的發酵箱・1小時）
▼ 烘烤1
（蒸氣1次 以上火255℃・下火230℃烘烤29分鐘）
▼ 裝飾
▼ 烘烤2（以125℃的對流恆溫烤箱烘烤1小時20分至1小時30分鐘）

Check 1 成形至烘烤1

將焙茶麵糰從冰箱中取出後，立即調整為圓形。最後發酵後，進行第1次烘烤。

最後發酵後的麵糰。
▼
出爐後的麵包，會加工製成麵包脆餅。

Check 2 裝飾

將烤好的麵包切成一口大小，再將奶油放入鍋內加熱融化，並倒入切好的麵包塊裡使其吸收，接著全體撒上細砂糖。

以剪刀剪成3cm的塊狀。
▼
使用噴霧器於表層噴水，讓麵包帶有濕潤感。
▼
將煮沸的奶油平均倒入。
▼
以手均勻攪拌混合。
▼
撒上細砂糖。

Check 3 烘烤2

需要長時間確實地烘烤，將水分完全烤乾，直至麵包脆餅變得酥脆為止。

たま木亭

〒611-0011

京都府宇治市五ヶ庄平野57-14

TEL／0774-38-1801

營業時間／7：00至18：45

店休日／星期一・二

結語

たま木亭從來沒有在百貨公司設櫃，或承接餐廳的大量生產訂單。我們也不開分店、提供網購、開設咖啡廳等，更不販賣燒菓子或生菓子等品項。將自己揉製而成的麵糰，透過親自確認過的步驟進行烘烤，並將烘烤完成的麵包放置於自家的店面販售，如此而已。在店裡，我有對每個麵包都要負起責任的自覺，也要求工作人員以同樣的心態工作。我希望店裡的工作人員能與我一起看著相同的方向、抱持著相同的精神，並超越名為工作的框架，可以一同思考如何為別人作些什麼，或使他人能感到開心等，從實現這些想法的過程中，同時獲得不少成就感。「什麼都不想，不就像是個沒有思考能力的機器人嗎？」這句話已然變成我現今的口頭禪。

隨著時代的進步，原料價格或社會法令等問題，讓店家的處境變得越來越艱辛。雖然我已經有面對的覺悟，但還是盡可能希望不要影響到客人。使用便宜原料或省略作業步驟而造成品質低落、無法端出理想的麵包給客人等，這些事情絕對不容許在たま木亭發生。

たま木亭希望可以讓每個特地來到店裡的客人，感受到我們的心意與誠意。若可以讓客人有「真是來對了、還想要再來呢」這樣的想法，就是讓我前進的動力。我強烈希望工作人員也可以跟我有相同的想法。

本書可以出版，都要感謝從學生時代就經常光顧本店、抱著熱情促成本書問世、並就職於柴田書店的大坪千夏小姐，同時也受到將照片拍得美味無比的安河內聡先生諸多照顧。在此對二位獻上由衷的感謝。

烘焙良品 84

無法忘懷的樸實滋味
京都人氣麵包「たま木亭」烘焙食譜集

作　　者／玉木潤
譯　　者／林睿琪
審　　定／陳信成
發 行 人／詹慶和
總 編 輯／蔡麗玲
執行編輯／陳昕儀
編　　輯／蔡毓玲・劉蕙寧・黃璟安・陳姿伶・李宛真
執行美編／周盈汝
美術編輯／陳麗娜・韓欣恬
內頁排版／造極
出 版 者／良品文化館
發 行 者／雅書堂文化事業有限公司
郵政劃撥帳號／18225950
戶　　名／雅書堂文化事業有限公司
地　　址／220新北市板橋區板新路206號3樓
電子信箱／elegant.books@msa.hinet.net
電　　話／(02)8952-4078
傳　　真／(02)8952-4084

2018年11月初版一刷　定價480元

經銷／易可數位行銷股份有限公司
地址／新北市新店區寶橋路235巷6弄3號5樓
電話／(02)8911-0825
傳真／(02)8911-0801

國家圖書館出版品預行編目(CIP)資料

無法忘懷的樸實滋味：京都人氣麵包「たま木亭」烘焙食譜集 / 玉木潤著；林睿琪譯. -- 初版. -- 新北市：良品文化館出版：雅書堂文化發行, 2018.11
　面；　公分. -- (烘焙良品；84)
ISBN 978-986-96977-2-9(平裝)

1.點心食譜 2.麵包

427.16　　　107018294

staff

攝影／安河內聡
設計／近藤正哉・両澤絵里（KINGCON DESIGN キングコンデザイン）
取材・編輯／大坪千夏・吉田直人・諸隈のぞみ

＊本書是以柴田書店MOOK《カフェ-スイーツ》157號至168號所刊載的專欄「たま木亭のパン　私はこうつくる」為基礎，加入新內容所編輯而成。